怦然心動！

超萌人氣
造型甜點

馬卡龍、翻糖、蛋糕、麵包、餅乾、棉花糖、甜甜圈、泡芙…
巴黎藍帶職人親授，製作步驟全圖解，
不失敗做出名店級夢幻繽紛烘焙！

馬卡龍公主（吳懿婷）　著

Amazingly cute macarons and pastries!

I welcomed Yih-Ting Wu a few years ago, for a long-term course at Bellouet Conseil school in Paris. I was delighted with her enthusiasm and desire to do things right. Today she is challenging again by presenting her book, to which I wish all success, and especially I would like to congratulate her for hanging on and developing new recipes and to live her passion for pastry.

I wish her good luck for her research and for the release of the book.

Jean Michel Perruchon

Meilleur Ouvrier de France

幾年前，本人曾在法國巴黎貝魯耶美食甜點學校的長期課程中親自指導過吳小姐。過程中，我很高興看到她在甜點上追求完美的熱情與渴望。今日她再度以甜點食譜的方式挑戰自己，我特此致賀，因為她持續不斷的開發新作，活出了她對甜點的熱情！

敬祝事業順利、新書熱銷！

法國最佳工藝師 尚 · 米歇爾 · 貝洛昶

用超萌造型甜點征服人心！

聽到 Theresa 是因為她的馬卡龍，在 10 年前幾乎沒有人用馬卡龍當成主打產品，除非對自己的馬卡龍非常有信心，因此在業界造成了不小的騷動！在市場上也有極大的迴響。讓馬卡龍受到大家的喜愛，Theresa 功不可沒！

現在 Theresa 要用超萌造型的甜點書，來征服每一位喜愛製作甜點的朋友。這一本書從初級到進階，讓沒有做過的人也能輕鬆上手，做出可愛、好吃的馬卡龍及各種小點心喔！

Le Ruban Pâtisserie 法朋甜點坊金牌主廚　**李依錫**

立馬翻閱，享受不間斷的「卡哇伊～」尖叫之旅！

前陣子燉了一鍋很費工的紅燒牛腩 po 上臉書跟大家分享，有粉絲留言：

「蕭主播，請問妳到底有什麼不會的？」

「有。甜點。」

為什麼？因為我這人太隨性，懶得管幾匙幾公克，所有甜點在製作過程中一定要求定量甚至定溫，這真是為難我了！所以我向來佩服甜點做得好的人，尤其是 Theresa。認識 Theresa，是透過好友引薦：「我帶妳認識一位馬卡龍公主。」馬卡龍象徵愛情浪漫，公主更是童話故事裡美好的化身。當我第一眼見到她時，果然完全符合想像：超過 170 公分的 model 身材，一頭長髮、姣好面容。後來公司規劃了一系列「女力」專題，我馬上想到她。沒想到這次採訪，讓我對這個女生完全改觀：

確實高挑美麗，卻完全不在意打扮，還總用筷子當髮簪！

確實出身豪門，卻絲毫沒有富二代氣息。在法國求學期間，總在冰天雪地中徒步替客戶送手作藝術蛋糕，只為了賺取生活費。

確實是位公主，卻不愛 bling bling 美麗小物，最愛的是蜥蜴、貓頭鷹，畢生夢想是勇闖亞馬遜熱帶雨林。

我曾問她當初回台創立自有品牌「貝喜樂」，為什麼只獨賣馬卡龍？她說：因為難度高。這樣的摩羯座女子，你不難想像出她在廚房的模樣：一絲不苟，追求極致完美。馬卡龍最難的是掌握蓬鬆度及做出周圍的「蕾絲裙」，我曾親眼見識過她覺得成品未達自己標準，整批棄置，眼睛都不眨一下。但對我而言那明明就很完美了！

不止在甜點製作上近乎吹毛求疵，周邊工作她也都親力親為。當初「貝喜樂」創立時，所有商品宣傳照，是由她一手拍攝；包裝盒，由她自己設計。讓我印象最深的，是她放在網路及實體店面的一幅品牌形象照：『不露臉的裸身美女，以一顆顆馬卡龍遮住美好

的雙峰。」這 idea 也是她自己想的：

「因為馬卡龍這字在法文裡，代表的就是少女的酥胸。」

但更讓我吃驚的是，照片中的美女，就是她本人！

「妳如何做到自己拍自己啊？」

「就燈打好，相機架好，位置對好，自己去站好啊。」

「為什麼要這麼克難？」

「創業維艱，錢，能省一點就省一點。」

其實只要她開口，家裡一定會幫忙。但她倔強得只想靠雙手打出一片天，而她確實也證明自己做得到。

前幾年她暫時放下工作陪夫婿赴美進修，整天惶恐覺得自己無所事事（其實她每天都把家裡餐桌當五星級飯店在搞），我建議她不如趁這段時間開個部落格，用廚藝記錄自己的生活，說不定未來還可出本書。很高興她採納了我的建議，更開心看到這本專業甜點書的誕生。一如往常，這本書中超過 60 種可愛到不像話的甜點，每一個都是這位龜毛的摩羯座女生，親自設計手作出來的。當然照片也是她自己拍攝的。

所以，您準備好了嗎？歡迎立刻翻開此書，享受不間斷的「卡哇伊～」尖叫之旅。

知名媒體人　蕭彤雯

| 目錄 Contents |

烘焙材料

色粉

這些無毒的色粉是專門拿來做蛋糕裝飾的，書裡我最常用的是粉紅色，可以幫小動物畫可愛的臉頰。

油性色膏

色膏如果是油性的，通常可以拿來幫巧克力調色，要特別注意。巧克力是不能用一般色膏來染色的喔！

色膏

這裡是惠爾通的色膏，可是近年來有很多別的牌子也很好用，可以拿來幫翻糖、奶油霜染色。

翻糖

翻糖就是跟黏土一樣好塑型的糖，可拿來覆蓋蛋糕、做花朵，也可拿來幫小動物做一些細節的眼睛、耳朵等部分喔！

食用色素筆

請至少要準備一隻黑色筆，拿來畫眼睛等超好用的！細一點的比較好畫喔！

糖珠

各種可愛的糖珠可以拿來裝飾杯子蛋糕、棒棒糖蛋糕與甜甜圈等。

巧克力色粉

可以拿來幫巧克力染色的專門色粉。

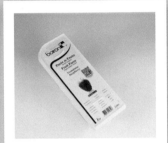

果泥

保虹這個品牌有各種水果果泥，可以拿來製作慕斯蛋糕等，比新鮮水果方便的是它的甜度都是固定的，比較好控制。

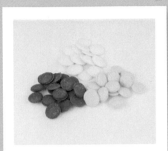

巧克力糖衣

巧克力糖衣就是不需要調溫的巧克力，檸檬巧克力、草莓巧克力都在此類，可拿來做棒棒糖蛋糕，也有已經調色好的。

威化紙

國外稱為 Wafer Paper，就是品質較好的米紙，通常拿來做相片蛋糕。書裡面的漂亮蝴蝶杯子蛋糕就是用威化紙製成的喔。

糖漿

左邊的是葡萄糖漿，右邊的是美國的玉米糖漿，其實台灣的豐年果糖也是這類產品。
這兩種糖漿現在都很好取得，可幫產品增加濕潤或光澤，也能拿來做棒棒糖和塑形巧克力。

蛋白粉

這是拿來做皇家糖霜、糖霜餅乾的蛋白粉喔！圖示這罐是惠爾通品牌。

天然色素

台灣人超幸福的啊！好多天然的色粉可以使用。
黃色：南瓜粉、黃梔子花粉
粉紅色：胡蘿蔔粉、草莓粉、火龍果粉
紅色：甜菜根粉、紅麴粉
橘色：番茄粉
紫色：紫薯粉
藍色：蝶豆花、藍梔子花粉
黑色：竹炭粉
綠色：抹茶粉
這些色粉在網路上都很容易買到，奶油霜、馬卡龍、麵包等都能輕
易用這些來調成可愛的顏色。這些天然色素也有出液體狀的版本喔！

糖粉

雖然很多食譜老師說，哪種糖粉都可以製作馬卡龍與糖霜餅乾，不
知道是不是我運氣不好，實驗的結果並不是這樣，我是覺得市面上
的糖粉品質滿不穩定的。
圖示這兩款糖粉特別細，書裡面的糖霜餅乾、馬卡龍都是用這兩種，
也有很多店專門賣糖霜餅乾用的糖粉喔！還有一種防潮糖粉，國外
稱為 Snow sugar，因為不會潮濕，適合拿來做最後的裝飾。

烘焙工具

溫度計

做馬卡龍很需要一台溫度計。溫度計大多是拿來測量糖的溫度，是非常好用的烘焙工具。糖的溫度拿手來測並不準。

蛋糕刀

也可以拿來漂亮切麵包的鋸齒刀，橫切蛋糕時也很好用喔！

量匙

書中的 1 大匙、1 小匙就是用量匙的標準喔！請一定要準備。
1 大匙是 15cc
1 小匙是 5cc

擠花袋、三明治袋

三明治袋很適合拿來擠小範圍的東西，像是幫可愛的麵包加眼睛等，可是長期來說還是右邊這種布質的比較環保啦！

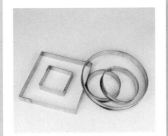

塔模

塔模有很多種，書裡面我有用到方形與圓形，可以挑自己喜歡的塔模喔！

蛋糕抹刀

拿來抹平蛋糕上的奶油，很好用的工具，做蛋糕捲或蛋糕淋面都很適合。

壓花模

可以輕易做出可愛翻糖或塑型巧克力花的壓模，右邊那種非常好用，通常會有四種尺寸一組，可以把糖花推出來。

蛋糕模

左邊這種是鋁製模，右邊是戚風蛋糕模。戚風蛋糕因為比較脆弱，用這種中間有洞的蛋糕模能烤的比較柔軟，蛋糕也會升得比較高。

不同的接頭

前面是最常用的打蛋接頭，後面左邊的扁平頭常拿來打餅乾，右邊的是打麵包麵糰的鉤子喔！

烤盤矽膠墊

烤馬卡龍和蛋糕捲必備的喲！矽膠墊烤出來的馬卡龍比較平均不會空心。右邊的 pavoni 矽膠墊是烤蛋糕捲很重要的工具！

刮刀

左邊這是可以超耐熱的手拿刮刀，右邊的是做蛋糕與拌馬卡龍很需要的工具。

打蛋器

我最愛的還是 Kitchenaid 的！書中大部分的點心有一台打蛋器更容易製作！像是義大利蛋白霜或是棉花糖用這種機器打更方便。手持打蛋器也很好用，只是打大量的或比較不好打的東西時很容易燒掉（我燒掉過兩台），建議可以投資一台座型大型打蛋器喔。

基礎製作

吉利丁

吉利丁是一種凝結劑,是動物性的膠質提煉的,大部分的果凍、慕斯都是用吉利丁做的唷!

使用起來很簡單,只要泡冰水,等它變軟後把水擠掉就行了,只要一點溫度就會融化,可以拌入各種液體讓它凝固喔!

如果你只買得到吉利丁粉,一張吉利丁片等於 **2.5g** 吉利丁粉(差不多是 **1** 小匙),吉利丁粉只要加入一半的水就會變成透明,可以與吉利丁片一樣加熱使用囉!

塑形巧克力

在這本書裡有很多品項都有一些眼睛、嘴巴之類的細節,這時候手邊有一塊塑形巧克力會方便很多;翻糖也很好用,可是翻糖只要一點濕氣就會融化,塑形巧克力比較耐放。最好用不需要調溫的巧克力來做(其實就是比較便宜的巧克力啦 **XD**),才不會有可可奶油分離的問題,這個配方白巧克力與黑巧克力都可以做喔。

做好的塑巧跟黏土一樣,可以拿來做成各種花朵緞帶或小玩偶,非常好用!硬掉以後只要再揉一揉就可以囉!

材料

白巧克力 ⋯⋯⋯⋯⋯⋯ 450g
(最好用不必調溫的巧克力,也就是正香軒那種巧克力會最容易製作)
葡萄糖漿 ⋯⋯⋯⋯⋯⋯ 100g

1. 巧克力用微波爐慢慢融化後,拌入糖漿。

2. 鋪好保鮮膜,接著倒出來。

3. 用保鮮膜包好。

4. 等到涼了、硬了以後,再揉均勻就可以啦!你會發現它跟黏土一樣好用,可以製作玫瑰花與各種小配件。

皇家糖霜

材料

細糖粉 ⋯⋯⋯⋯⋯⋯ 450g（最好用糖霜餅乾專用糖粉）
蛋白粉 ⋯⋯⋯⋯⋯⋯ 30g（市面上最常見的是惠爾通，就很好用了）
溫水 ⋯⋯⋯⋯⋯⋯ 6 大匙

1. 糖粉要先過篩（很重要，不要偷懶喔）。

2. 與水和蛋白粉用中高速打 5 分鐘就可以了。打成擠花可以很清楚的擠出來的狀態。如果打不出這個狀態，就一次加半小匙的水調整軟硬度。

3. 加入各種不同顏色的色膏，如黑色，就可以拿來做小動物的眼睛囉！如果太乾不好擠，就再加一點點水調整。

超濃乳酪奶油霜（或馬斯卡彭奶油霜）

這個配方真是超百搭！馬卡龍、杯子蛋糕、結婚蛋糕、餅乾，反正什麼都可以，不甜不膩的口感你一定會喜歡！

材料

奶油乳酪或馬斯卡彭乳酪 160g
蛋 ⋯⋯⋯⋯⋯⋯ 2 顆
奶油 ⋯⋯⋯⋯⋯⋯ 200g
細砂糖 ⋯⋯⋯⋯⋯⋯ 50g

1. 把蛋與糖一起打到糖融化，大概打到 70℃ 左右，放回打蛋器上打到變涼，會變成乳白色膨脹的蛋糊。

2. 這時候就可以慢慢加入室溫的奶油與奶油乳酪或馬斯卡彭乳酪，打到白拋拋就可以囉！這兩種乳酪做出來的味道完全不一樣喔！各有各的美味。

瑞士蛋白奶油霜

瑞士蛋白奶油霜也是很好用的東西喔！傳統的奶油霜是用全蛋的，像乳酪奶油霜一樣。瑞士蛋白奶油霜就是用蛋白做的，顏色雪白的奶油霜，適合拿來擠花調色，可以拿來夾馬卡龍、做杯子蛋糕都很好用！

材料

蛋白	3 個
細砂糖	120g
奶油	270g
鹽	少許
香草醬	1 小匙

1.鍋子裡加入淺淺的水燒滾轉小火，把蛋白加糖放在鍋盆裡，放在鍋子上不停攪拌到蛋白變熱成乳白色，要確定糖融化了喔。

2.放入打蛋器打到涼，變成較硬的蛋白霜後，放入室溫的奶油打勻就可以啦！

巧克力紙筒

這種擠花袋很好用，可以直接放融化的巧克力在裡面，擠出小細節像眼睛之類的，就算巧克力硬了也沒關係，微波一下又可以用，真的很方便喔！

1.拿一張烘焙紙剪成圖示這樣的三角形。

2.用手指夾住最長的那邊的中間，從寬的這端捲到細的那端。

3.要注意尖端那邊要捲緊，完全沒有洞喔。

4.將融化的巧克力倒進去。

5.最後把上面封緊就行啦！

擠花袋不沾手大絕招

1.配合擠花嘴尺寸、剪出適當的開口。

2.先把擠花嘴裝在擠花袋裡，用手把前端的擠花袋塞進擠花嘴，並且塞緊，這樣等等裝馬卡龍糊的時候才不會從擠花嘴流出來。

3.手握擠花袋，開口向上把一半的擠花袋翻下來蓋住自己的手。

4.可以開始裝囉！用刮刀把馬卡龍糊倒進去。

繽紛造型馬卡龍

Macaron

馬卡龍基本功
Basic Macaron Techniques

馬卡龍又叫少女的酥胸,要表面光滑、有亮度、旁邊的蕾絲邊要整齊,外酥內軟。
經營馬卡龍專賣店那幾年非常多人問我:製作馬卡龍有沒有什麼秘訣?我是真的
沒有啊!可是我常常說馬卡龍跟婚姻一樣,一個簡單的配方,一百種失敗的方
法!因為自己經歷了超級多次失敗,才找到穩定製作大量馬卡龍的方式,以下列
出幾個製作馬卡龍要特別注意的地方,相信一定能事半功倍!

烤箱

很多人烤馬卡龍烤失敗都是因為烤
箱,如果每次都烤的亂糟糟,你的烤
箱八成是兇手!

◎如果下火太旺,馬卡龍下面先烤熟
　就會黏在烤盤墊上,裡面的蛋白糊
　沒地方可去,就會從上面爆出來。

◎如果烤箱太熱,蛋白糊會從旁邊爆
　出來,導致馬卡龍中間都是空心,
　蕾絲邊卻很大一圈,如果溫度不夠
　高也會變成空心。

◎如果馬卡龍烤出來殼很薄、很透明,
　一碰就碎,有可能是不夠乾就烤了,
　或是杏仁粉出油了。

◎如果馬卡龍烤出來一邊高一邊低,
　是因為烤箱溫度不均勻。如果用家
　用烤箱建議一次烤一盤,確定溫度
　都均勻。

濕度

我喜歡使用放在冰箱裡兩天的蛋白,
水狀的蛋白最穩定。廚房一定要除濕,
因為濕度可是影響馬卡龍的超級大原
因,每次只要颱風天我還會開冷氣,
確定廚房濕度、溫度都固定,只要把
這幾點搞定了,馬卡龍成功率就會提
高很多喔!

我記得當初在法國上課的時候,曾經有
個老師說,反正馬卡龍就是你擠好了放
進烤箱後記得禱告就對了!我在課程上
及專業烘焙房也是有大師烤出來的馬卡
龍全部失敗的,知道大廚也有這樣的困
擾,你是不是更有信心了呢!

做馬卡龍只要多實驗就會成功!以下
是馬卡龍製作的基礎,接下來的章節
就是一些造型與技巧的變化。

難度 ★★☆☆☆

製作重點
● 馬卡龍提高成功率的攪拌方式
● 馬卡龍失敗原因大解密

使用花嘴
● 1 公分直徑花嘴（或惠爾通 2A）

材料

馬卡龍製作基礎

細砂糖 150g
細馬卡龍糖粉 150g
杏仁粉 150g
蛋白 57gX2
水 37g

作法

1 糖粉與杏仁粉放進食物處理器一起打，打一下下就好，打太久杏仁會出油就不行了。

最好買馬卡龍專用杏仁粉與糖粉！

3 和 57g 的蛋白混合，稍稍攪拌就好也不用太久，免得杏仁出油。

2 混合好的杏仁＋糖粉一起過篩兩次，去掉沒打碎、太大塊的杏仁粉。

4 **糖漿製作**：糖＋水混合並煮到 114度。

5 **義大利蛋白霜製作**：先將另一部分的 57g 蛋白打到發，這時把打蛋器速度調慢，慢慢倒入糖漿（把糖煮到 114 度），然後再高速攪拌，打到蛋白膨脹冷卻就可以了！

為什麼使用義大利蛋白霜？因為做出來的馬卡龍最穩定、漂亮。每個廚師有自己喜歡的作法，法式蛋白霜和瑞士蛋白霜也都可以做，這是我個人最喜歡的作法！

8 拌到馬卡龍糊呈現圖示的狀態。可以用刮刀把馬卡龍糊翻起來，如果馬卡龍會慢慢地融合在一起變得光滑，還很黏稠，有點表面張力的樣子，不會水水的，這樣在擠的時候，馬卡龍才會乖乖呈現圓形不散開。

這個步驟很重要！如果拌太少，馬卡龍不會呈現光滑的模樣。可是如果拌太多，馬卡龍會整個濕濕的，擠出來也不會是漂亮的圓形。

6 先拿 1/3 的蛋白霜出來與杏仁粉用刮刀拌勻，這個部分要用力一定要拌勻！不然等等加入剩下的蛋白霜再用力拌就會太過頭，馬卡龍會很水，烤了會不成形。

7 Keypoint！加入剩下的蛋白霜，朝同個方向，一隻手握刮刀，一隻手握攪拌盆，邊轉邊拌。拌的時候先用力壓下去，再由下翻起來往下壓，確定都有拌勻，動作要整齊！

9 將馬卡龍糊裝袋，用擠花嘴一個個在矽膠墊上擠出來。擠花嘴最好離烤盤近一點，一手擠，另一隻手支撐手腕會比較穩。擠出來要收尾時，把握著擠花袋上面的手指鬆開，往旁邊一撇，這樣可以避免馬卡龍有尖尖的點，表面維持光滑酥胸感。擠完後把烤盤拿起來用力砸在桌子上，讓每個馬卡龍散成漂亮的圓形。

等馬卡龍表面乾燥再烤（就是摸起來不黏手），不然表面會很容易爆裂，可是太乾也不行，一樣會爆裂喔！烤好後用刮刀就可以輕易取下來。

巧克力熊熊馬卡龍

Macaron Teddy Bear

熊熊造型的馬卡龍，我想沒有人不喜歡！
所有的動物製作都可以互通，會做熊以後，
兔子、貓熊、狐狸、猴子、寶可夢都做得出來！
因為動物有兩隻耳朵、一個鼻子，長得根本都一樣啊！
舉一反三，什麼動物都 OK ！

難度★★★☆☆

製作重點
●利用不同尺寸的擠花嘴擠出可愛小熊

使用花嘴
●**左** 臉部 -1 公分直徑花嘴（惠爾通 2A）
●**右** 耳朵 -0.5 公分直徑花嘴（惠爾通 10 號）

材料（20 個）

馬卡龍

杏仁粉	140g
糖粉	140g
可可粉	33g
蛋白	57g×2
細砂糖	150g
水	37g
紅色色膏	少許

巧克力甘納許

黑巧克力	100g
鮮奶油	100g
有鹽奶油	10g
無鹽奶油	10g

裝飾
黑巧克力或黑色皇家糖霜（作法請見 P14）
翻糖
棕色色膏

1 將糖粉、杏仁粉、可可粉,都混合一起稍微打一下(不要打太久,能過篩就好)。

2 蛋白放進打蛋器裡開始打,同時煮糖加水煮到114度,緩緩倒進蛋白裡打到冷卻。因為熊是可愛的棕色,在煮糖漿的步驟可以加一點點紅色色膏,會讓巧克力的棕色更凸顯。

3 照著基本步驟做出的馬卡龍糊,拌的時候需拌得黏稠一點。這個步驟不要拌的太稀,如果是圓形可能還行,可是熊的形狀如果拌的太稀,烤完就看不出來是熊囉。

4 使用兩種擠花嘴,小的是擠耳朵、大的擠臉。先把兩個擠花袋裝好,免得製作時手忙腳亂!

擠花嘴的尺寸,因為每家的號碼都不同。我習慣用直徑 0.5 公分的擠花嘴做耳朵,直徑 1 公分的擠花嘴做臉。

5 先用小的擠花嘴把耳朵先擠好,再用大的擠花嘴擠一個小圓。

6 做比較多隻熊的時候,可先把耳朵都擠好再擠臉,省去擠花嘴換來換去。擠好後照樣吹冷氣等乾燥結皮。等馬卡龍表面乾燥了再以烤箱 150℃ 烤 10 ～ 12 分鐘。

7 馬卡龍烤好後用刮刀拿下來,把比較可愛的那面當正面,擠得不太好的那面當反面(我們要藏拙)。

圖示下方可以看到有耳朵斷裂的熊,耳朵部分很容易斷掉,所以要結皮才可以烤喔!

8 **巧克力甘納許：**趁熊在冷靜的時候，把鮮奶油煮到要滾不滾的狀態，倒入巧克力裡（如果巧克力很大塊要記得先切小！）

10 將烤好的熊熊馬卡龍正反面上下排好，拿一點棕色色膏染出膚色的翻糖，捏成小球後在熊臉輕輕壓扁做鼻子，如果沒有翻糖，用白巧克力或皇家糖霜也行喔！

9 最後拌入室溫的奶油，拌成滑潤的狀態。如果甘納許有點分離的話，先冰一下，再利用食物調理機打一打。分離的甘納許千萬不要就這樣夾進熊熊裡，熊會有腦漿迸裂的感覺喔！

11 將黑色糖霜裝進擠花袋，擠上眼睛，也可以用融化的黑巧克力。

熊熊做的可愛的秘訣：眼睛跟鼻子要成一直線！

12 在每個熊熊頭裡填上滿滿的巧克力甘納許，把熊貼合好。最後如果要幫熊打扮一下，可以再加朵翻糖小花！

花與海芋馬卡龍

Macaron Bouquet

情人節送花？Not Fashion，
來看看讓花束完全 Low 掉的馬卡龍 Bouquet 吧！
各種顏色的馬卡龍花花，還有迷人的海芋，
配上花朵香氣的內餡，你說還有哪個妹把不到！
Lady Gaga 都可以到手！

難度★★★☆☆

製作重點

● 準確判斷馬卡龍外表乾燥的程度
● 做出顏色重疊的可愛花朵

使用花嘴

● **左** 海芋花瓣 -1 公分直徑花嘴（或惠爾通 2A）
● **右** 海芋花蕊、小花花瓣與花心 -0.5 公分直徑
　　花嘴（或惠爾通 10 號）

材料(30 個)

花朵馬卡龍

杏仁粉	150g
細糖粉	150g
蛋白	57gx2
細砂糖	150g
水	37g

義式蛋白奶油霜 300g（作法請見 P21）

玫瑰水或其他花香水 ⋯⋯ 1 大匙
（橘子花也很棒）
調色用色膏：黃色、白色（可省略，烤出來
的馬卡龍會帶點米色）

1 照著基本馬卡龍的步驟,做白色的馬卡龍糊,稍微拌勻就好,因為要做出花朵花瓣與海芋尖尖的形狀,馬卡龍糊要有點硬度,蛋白不能全消泡!

3 **海芋製作**:用愛心餅乾模在烘焙紙上可畫出漂亮的水滴狀。或用十元硬幣畫個圓再用尺往上畫出交錯,也是個漂亮的水滴狀!

2 拿出約100g的馬卡龍糊,用黃色色膏染成黃色。

4 接著用花模畫出花朵的形狀。

5 先來做優雅的海芋,會讓花束更有深度!只有一種花看起來有點單調。先在水滴狀圓型的部分先擠一個圓再往上拉。

6 等到白色稍微有一點點乾再擠中心部分。將黃色馬卡龍糊裝袋,用細的擠花嘴擠出黃色的蕊。我習慣從上往下,如果想從下往上也可以。

7 **小花的擠法**:用同樣的白色馬卡糊先一瓣瓣擠好,由外往內的水滴形。記得中間部分要鬆手不要出力擠太多,要留空間擠花蕊,不然花會凸凸的不美觀喔!

9 蛋白奶油霜與玫瑰水拌勻放進擠花袋,用圓形花嘴順著花朵的形狀,把香香的內餡填入。

8 用黃色馬卡龍糊擠出中心的花蕊。這個跟海芋不同,可以不用等,最好擠成可愛的圓圓花蕊。等馬卡龍表面乾燥了再用 150℃ 烤 10 ～ 12 分鐘。

10 用綠色的紙膠帶將竹籤纏好,插在內餡的部分,就是可愛的花朵棒棒糖。建議可以用抹茶口味的POCKY,就整根都可吃了!

台灣很熱,要做成棒棒糖造型的話最好平放,因為內餡一軟,花就會掉下來了,要直立的話需一直冰著!

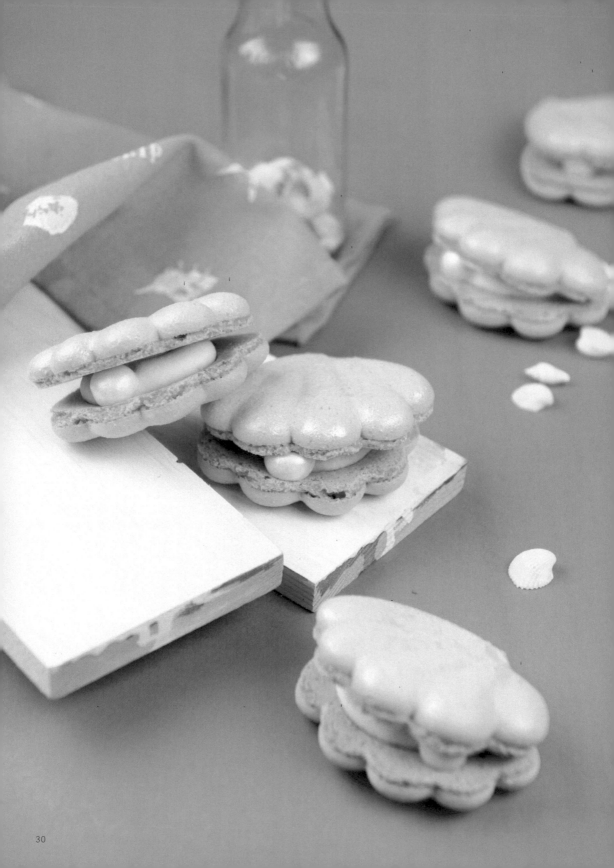

Tiffany 藍貝殼馬卡龍

Seashell Macaron

是只有我嗎？
我怎麼覺得貝殼馬卡龍很適合藏求婚鑽戒！
感覺做成白色或粉紫也會頗美，搭配看起來質感爆表的翻糖珍珠，
這樣如夢似幻的馬卡龍應該沒有女生會拒絕吧！

難度★★★★☆

製作重點
- 利用色粉幫貝殼上光澤
- 用稍稠的馬卡龍糊製作出波浪的層次感

使用花嘴
- 1 公分直徑花嘴（或惠爾通 2A）

材料 (20 個)

貝殼馬卡龍

杏仁粉	150g
細糖粉	150g
蛋白	57gx2
細糖粉	150g
水	37g
食用藍色色膏、綠色色膏	

乳酪奶油霜（作法請見 P14）

奶油乳酪或馬斯卡彭乳酪	160g
蛋	2 顆
奶油	200g
細糖粉	50g

翻糖
食用銀亮粉
食用珍珠色粉

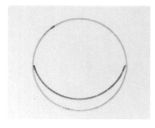

1 要怎麼做出貝殼呢？很簡單！先用餅乾模或杯子畫一個圓，然後依圖示下面再畫窄一點，像個橢圓形。

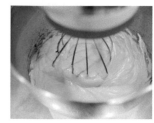

4 照著基本步驟做出馬卡龍糊，打出 Tiffany 藍蛋白霜。如果覺得顏色跟想像的不一樣，可以在打蛋白霜的時候加一點藍色或綠色的色漿。

2 用馬克筆畫出貝殼的紋路。只要在圖的下面先抓一個基點，每個線條都畫到那個點上就可以了！

5 因為要做出貝殼的波浪感，記得馬卡龍糊要夠硬，不要拌太久，不然就會變成一片平平的扇貝喔！

3 **糖漿製作**：糖＋水混合並且煮至 114℃。Tiffany 藍要怎麼調呢？其實用藍色與綠色色膏混合一起就行了！要多藍要多綠可以自己決定！

6 從上往下慢慢收緊擠花袋，一條條擠出貝殼的紋路（要有耐心！如果擠完散開變成圓形那就是馬卡龍糊太水了）。貝殼反面就把烘焙紙翻個面再擠就可以了。等馬卡龍表面乾燥了再用烤箱以 150℃ 烤 10 ～ 12 分鐘。

8 將翻糖揉成珠珠，刷上食用銀粉讓珍珠亮晶晶！

7 在馬卡龍中間擠上乳酪奶油霜！貝殼裡還是搭配硬一點、顏色偏淡的奶油霜比較好，不然配上珍珠會很奇怪！

9 放上珍珠，最後貼合起來，用珍珠色粉沿著邊緣刷亮就可以了！

草莓冰酒愛心馬卡龍

Macaron Hearts

愛心馬卡龍一直被我封為終極把妹必勝馬卡龍！
使用了柔順酸甜的草莓奶油霜與冰酒做的果凍，
每年情人節都擠到手軟，賣到斷貨！
今天就公開大絕招！

難度★★★★☆

製作重點
● 如何擠出完美形狀的愛心馬卡龍

使用花嘴
● 1 公分直徑花嘴（或惠爾通 2A）

材料(25 個)

愛心馬卡龍

杏仁粉	150g
細糖粉	150g
蛋白	57gx2
細砂糖	150g
水	37g
粉紅色色膏	少許

草莓奶油霜

蛋	1 個
細砂糖	15g
奶油	100g
草莓果醬	100g

冰酒果凍

冰酒	100g
JellyT(果凍粉)	3g

粉紅彩糖
食用銀粉

1 照著基本步驟做出馬卡龍糊。在打蛋白的時候加入一點粉紅色色膏。

2 愛心馬卡龍重點就是要看起來像愛心！訣竅就是馬卡龍拌糊的部分一定要輕輕拌，比做圓型馬卡龍還要更稠一點。這樣擠愛心時才能有形狀很俐落的心型！如果拌的太稀就會變成不規則的奇怪心型了。

3 先擠左邊，擠出一個圓球後再往下拉，這時手的力道要鬆開，不然就不會是水滴型，會變成圓柱型。

4 左邊擠好後再擠右邊，一樣先擠個圓再拉到底。

5 我知道你要抱怨什麼！就是怎麼收尾都有一大坨看起來不怎麼像愛心對吧！沒關係，終極大絕招來了：用牛油刀把尾巴修一下，尖尖的變成很漂亮的愛心！

6 可在馬卡龍上灑些彩糖，表面變得更 Bling Bling。彩糖的作法就是拿粗砂糖，加一點食用色膏搓揉一下就可以囉！等馬卡龍表面乾燥了再用烤箱以 150℃ 烤 10 ～ 12 分鐘。

7 **草莓奶油霜**：把所有的糖與蛋放到打蛋器的鋼盆裡。鋼盆下面放一個加了水的鍋子，一邊隔水加熱一邊打，打到約 70℃，把鋼盆放回打蛋器繼續打到完全冷卻，變成鵝黃色膨脹很多倍的樣子。

8 接著加入室溫的奶油繼續打。一定要室溫！不然打出來會有顆粒狀。如果有點油水分離，就再隔水加熱一下。

10 **冰酒果凍**：冰酒加熱之後加入 Jelly－T 粉攪拌，等它凝固。千萬不要煮滾！沒有酒香，冰酒凍就不美味了！當然如果是給小孩子吃的，可以跳過冰酒這一步。

9 打好的奶油霜加入同等重量的草莓果醬拌勻，就是草莓奶油霜了。可以自己做，也可用市售的果醬。

如果一不小心愛心心碎了，也別太難過，這是因為愛心在烤之前風乾得不夠，下次放久一點再烤就可以了！

11 把愛心馬卡龍正反面排排站。順著愛心形狀擠上草莓奶油霜，上面再放冰酒凍，上下兩面組合好就完成囉！

焦糖黃色小鴨馬卡龍

Yellow Duckling Macaron

這是在黃色小鴨風靡台灣時，
賣到瘋掉的黃色小鴨馬卡龍，還上過新聞喔！
因為太可愛了，小鴨走了後，還是變成櫃上的人氣商品！
我會隨著聖誕節、萬聖節變化造型，過年還會有鞭炮鴨等等。
只要學會一些擠花的小技巧，擠出想要的形狀，
什麼造型都難不倒你唷～～

難度★★★★☆

製作重點
- 馬卡龍擠花技巧
- 巧妙拼湊出想要的形狀

使用花嘴
- **左** 直徑 0.8 公分花嘴（或惠爾通 12 號）
- **右** 惠爾通 1 或 2 號

材料（20 隻）

鴨鴨馬卡龍

杏仁粉	150g
細糖粉	150g
蛋白	57g×2
細砂糖	150g
水	37g
黃色色膏	

焦糖奶油霜

細砂糖	200g
鮮奶油	220g
奶油	160g
有鹽奶油	80g

黑色、橘色色膏

皇家糖霜（作法請見 P14）

1. **焦糖奶油霜**：使用較厚的鍋子，在鍋裡放 1/3 的糖，等融化成焦糖色，再放入 1/3 的糖。這樣一直到全部的糖都變成焦糖色融化了為止。

2. 將鮮奶油放進微波爐微波到一點點熱。接著把鮮奶油倒進去，關小火。這時會有很多泡泡脹起來，這是正常的，一直攪拌到糖完全融化。完成後蓋上鍋蓋，放著等焦糖醬變涼。

3. 奶油打勻後慢慢加入焦糖醬，打到變淺褐色就行囉！

4. **糖漿製作**：糖＋水混合並煮到 114 度。在煮糖時加入黃色色膏或色粉。

5. 照著基本步驟做出馬卡龍糊，因為黃色小鴨形狀的關係，不能把馬卡龍糊拌得太久而變得太稀。

太稀的馬卡龍糊就會做成沒嘴巴、沒尾巴，完全看不出形狀的鴨子了，烤好後會很悲慘。

6. 將黃色馬卡龍糊裝進擠花袋，擠的時候擠花嘴離烤盤約 0.5 公分，擠出一個圓形後往左邊拉出嘴巴尖頭（拉出嘴巴後要馬上停止擠的動作）。

有沒有很像一隻鴨子？

7. 身體部分也一樣，只是擠多一點，然後往右邊拉出尾巴。

8 反面馬卡龍則是
將烘焙紙翻面以相
反方式進行。等馬
卡龍表面乾燥了,
再用烤箱以 150℃
烤 10 ～ 12 分鐘。
烤好後可用刮刀取
下來。

9 把鴨子正反面上
下排好,注意馬卡
龍尺寸要相同喔!
接著在反面擠上濃
濃的焦糖奶油霜!

10 調好橘色較硬
的皇家糖霜(橘色
可用黃色與紅色
調),在嘴巴部分
擠出來一點後,等
乾一些後用手快
速捏成尖尖的嘴
巴形狀。

眼睛部分可以有好多種
造型啊!給鴨鴨擠出假
睫毛也不錯!

11 用細的擠花嘴
將沒有調色的皇
家糖霜擠出白色
眼白的部分,再
用調和過的黑色
糖霜擠出眼珠。

聖誕老公公馬卡龍

Santa Claus Macaron

讓聖誕老人來你家就是這麼簡單，只是從烤箱出來而不是煙囪。
覺得聖誕老公公馬卡龍的顏色太多很難做嗎？
一點也不會！只要添加一點點翻糖就能巧妙地做出複雜的造型，
讓馬卡龍看起來很厲害！再加上不同的表情，
孩子們會為了搶不同表情而吵翻天吧！

難度★★★★★

製作重點

● 雙色馬卡龍的製作方法

使用花嘴

● **左** 白色馬卡龍糊 - 直徑 0.8 公分花嘴（或惠
　　爾通 12 號）
● **中** 紅色馬卡龍糊 - 0.5 公分直徑花嘴（或惠
　　爾通 10 號）
● **右** 眼睛、嘴巴 - 惠爾通 1 或 2 號

材料(25 個)

聖誕老公公馬卡龍

杏仁粉	150g
細糖粉	150g
蛋白	57gx2
細砂糖	150g
水	37g

巧克力甘納許（作法請見 P25 ）

黑巧克力	100g
鮮奶油	100g
有鹽奶油	10g
無鹽奶油	10g

紅莓果醬（作法請見 P235 ）

黑色皇家糖霜（作法請見 P14 ）

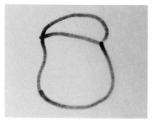

1 先在烘焙紙上用馬克筆畫出聖誕老公公輪廓的形狀，這要墊在矽膠墊下的唷！

2 照著基本步驟做出馬卡龍糊，打出白色蛋白霜，拌到均勻但還是很硬的馬卡龍糊。

3 拿出約 1/3 的馬卡龍糊加入紅色色膏拌成紅色，這要拿來做帽子使用。

4 把白色和紅色馬卡龍糊用大小兩種不同尺寸的擠花嘴裝好。小的裝紅色、大的裝白色。

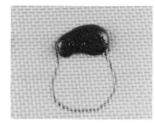

5 先用紅色馬卡龍糊從左到右擠出帽子。我知道，你要說這看起來完全不像帽子對吧！請相信我到最後會很像的！

6 用白色的馬卡龍糊擠出剩下的部分。用逆時鐘的方式擠，會很好擠。

7 反面馬卡龍的製作，就把下面墊好有輪廓的烘焙紙反過來，反著擠好就可以了！

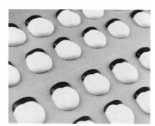

8 等馬卡龍表面乾燥了再用烤箱以 150℃ 烤 10～12 分鐘。烤好啦！我知道你要說什麼，還是覺得一點也不像聖誕老人對吧！

12 另外揉一條白色翻糖接在臉部與白色馬卡龍間,做成微微 W 型。

9 拿一點點翻糖,用銅色色膏染成膚色,並貼在紅與白的中間(用一點點顏色就可以了)。這樣有慢慢出現聖誕老人的樣子吧!

13 用細的擠花嘴,將黑色的皇家糖霜擠出眼睛與嘴巴,再用白色翻糖小球放在右邊的帽沿,用膚色翻糖做出鼻子就 OK 了。

10 用翻糖搓出一個小小長條形,並沾一下白糖。

14 聖誕老公公來啦!表情可多做,在睡覺或戴太陽眼鏡的啦～

11 這條亮晶晶的白色翻糖就是拿來做帽沿。

15 將聖誕老公公馬卡龍正反面排好,把巧克力甘納許在反面馬卡龍上擠出一個圈,中間填入酸甜的紅莓果醬,正反面貼合就完成囉!

愛心草莓馬卡龍小蛋糕

Macaron Petite Dessert

一般的馬卡龍蛋糕都是做成上下兩個超大的馬卡龍，
可是這樣看起來有點像巨無霸的銅鑼燒，
如果做成愛心鏤空的形狀，透出裡面的玫瑰果醬，
再搭配馬斯卡彭奶油霜與新鮮草莓，真的是銷魂的好吃！
你有看到嗎？玫瑰花瓣上還有可愛的小露珠喔！

難度★★★★★

製作重點
● 運用鏤空的大型馬卡龍做成小蛋糕

使用花嘴
● 1 公分直徑花嘴（或惠爾通 2A）

材料（10 個）

愛心馬卡龍

杏仁粉	200g
細糖粉	200g
蛋白	75g×2
細砂糖	200g
水	50g
粉紅色色膏	

馬斯卡彭奶油霜（作法請見 P14）

奶油乳酪或馬斯卡彭乳酪	160g
蛋	2 顆
奶油	200g
細砂糖	50g

玫瑰果醬
草莓
鏡面果膠
玫瑰花瓣

1 先用愛心模型畫出想要的大小，建議不要太小，不然擠好愛心後中間可能不會有很漂亮的中空喔！

5 用刀子把愛心下面很難弄漂亮的角修好，等馬卡龍表面乾燥了再用烤箱以 150℃ 烤 10～12 分鐘。

2 照著基本步驟做出馬卡龍糊，打出漂亮的粉紅色蛋白霜，或任何想要的愛心顏色。

3 要擠成漂亮的愛心，方法就是記得輕輕的拌就好，一定要這樣才看得出空氣感，不然愛心形狀會不立體，而且還很難拿下來！

6 把愛心馬卡龍正反面上下排好，在反面的部分擠上馬斯卡彭奶油霜。

7 擠好奶油霜後在上面塞滿可愛的草莓，如果草莓太大可以切一下，只要確保周邊的草莓是漂亮的形狀就可以囉。

4 用擠花袋先擠出正面中空愛心的形狀。如果是反面愛心擠出形狀後，再把中間的部分也擠滿。

8 接著用馬斯卡彭奶油霜把草莓的縫隙填滿。

9 用刮刀把上面的馬斯卡彭奶油霜抹平。

11 上面輕輕放上鏤空的愛心。

10 在抹平的馬斯卡彭奶油霜上擠一層薄薄的玫瑰果醬。

12 用有機玫瑰花跟草莓裝飾，如果想要更新鮮可口的樣子，可以用鏡面果膠擠上幾個可愛的小露珠就完成囉！

樹懶馬卡龍

Sloth Macaron

樹懶馬卡龍實在是太萌了！可愛到讓人目不轉睛～～
這個馬卡龍在製作上有一些小技巧，是比較高難度的馬卡龍，
連毛毛都要畫出來才會像毛茸茸的樹懶喔！
跟著 Step by Step，
樹懶馬卡龍一隻隻跟你說哈囉～～

難度★★★★★

製作重點
- 雙色馬卡龍製作技巧
- 馬卡龍上色的訣竅

使用花嘴
- **左** 眼睛 - 惠爾通 2 號
- **右** 頭、身體與臉 -0.5 公分擠花嘴 （或惠爾通 10 號花嘴）

材料（24 個）

樹懶馬卡龍

杏仁粉	200g
細糖粉	200g
蛋白	75gx2
細砂糖	200g
水	50g
棕色色膏	

咖啡奶油霜

瑞士奶油霜	250g
（製作方式請見 P15）	
即溶咖啡	2 大匙
鹽	少許
熱水	1 大匙

裝飾

黑色食用色筆

黑色皇家糖霜（作法請見 P14）

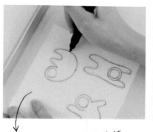

1 在網路上找到喜歡的樹懶圖案，先將樹懶畫在一張紙上，也可以印出來在上面墊上烘焙紙照描！記得用馬克筆，免得墊上矽膠墊看不清楚。

找都會先畫半張烘焙紙，然後折一半，直接描另外一半。因為馬卡龍有正反兩面，另外一面樹懶要相反方向才行，

2 你看一整盤的樹懶，各種姿勢都有，很可愛吧！上面墊上矽膠墊。

3 照著基本步驟輕輕拌好馬卡龍糊。先拿出 3/4 的馬卡龍糊拌入棕色色膏，調成棕色，接著放入兩個擠花袋，一個用 0.5 公分的圓型花嘴，一個用超細花嘴（惠爾通 2 號）。剩下的白色放入另外一個擠花袋，用 0.5 公分的花嘴拿來擠臉的部分。

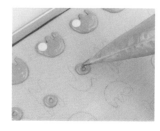

4 依圖示先擠出樹懶頭的外圈。

5 再擠中間臉的白色部分。建議可先把頭都擠完，再回來擠身體，這樣頭與身體才會有點分際，免得烤出來頭與身體都連在一起，較沒真實感。

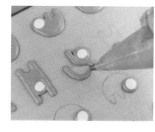

6 依圖示先把四肢都擠出來，再填入身體的部分。

7 等到整盤的身體都完成，用細的擠花袋擠出眼睛。等馬卡龍表面乾燥了再用烤箱以 150℃ 烤 10 ～ 12 分鐘。

8 這些樹懶是咖啡口味的。作法非常簡單，只要把即溶咖啡和鹽用熱水溶化後，拌進瑞士蛋白奶油霜就行了！

放點鹽會讓咖啡味道更明顯喔！

9 將樹懶馬卡龍正反上下對好，填入咖啡奶油霜。

10 用細的擠花嘴，將黑色皇家糖霜擠出眼睛、嘴巴與鼻子。也可用黑色食用筆或黑巧克力。

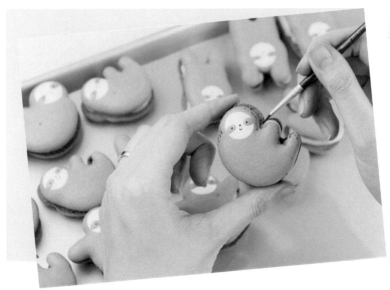

11 最後拿細的刷子，刷上一點點棕色色膏畫出毛的質感。通常我會在脖子部分畫一點，讓牠的頭比較明顯，然後加強一下四肢的部分。如果色膏顏色太深，也可以拿一點高粱酒或伏特加調淡一點喔。

貓頭鷹馬卡龍

Owls Macaron

把馬卡龍變身成可愛小動物有兩種方法：
一是用皇家糖霜在烤好後裝飾；二是調好所有顏色的馬卡龍糊，
在烤之前以閃電俠的速度全部擠到完工再烤。
這些可愛的鷹鷹就是依照後者這樣一氣呵成的，
雖然難度高一點，可是看起來更可愛，
你說是不是啊！

難度★★★★★

製作重點

● 多色馬卡龍製作技巧

使用花嘴

● **左** 頭與肚子（藍）-1 公分直徑花嘴（或惠爾
通 2A）

● **中** 眼睛、肚子（白）-0.5 公分直徑花嘴（惠
爾通 9 號）

● **右** 眼珠、爪子、嘴、肚子的斑紋（黑、黃、
黃、藍）- 惠爾通 1 或 2 號

材料（20 個）

貓頭鷹馬卡龍

杏仁粉	150g
細糖粉	150g
蛋白	57gx2
細砂糖	150g
水	37g

調色用藍色色膏、竹炭粉
黃色色膏

乳酪奶油霜（作法請見 P14）

奶油乳酪或馬斯卡彭乳酪	160g
蛋	2 顆
奶油	200g
細砂糖	50g

藍莓果醬（作法請見 P235）

1 照著基本步驟做出稍硬的白色馬卡龍糊。不要拌得太久,要硬一點,因為等等要加別的顏色,軟硬度才會剛好。

2 把一半的馬卡龍糊加入一點藍色色膏調成淺藍色。剩下一半的馬卡龍糊則分成二份,一份留作白色,剩下的一份再分成兩小份,加入黃色色膏及竹炭粉調成黃色與黑色。

淺藍色的馬卡龍糊因為要做身體與肚子上的可愛條紋,所以分別使用大號的擠花嘴跟 2 號擠花嘴;黑色是拿來做眼睛的,黃色則是做爪子跟嘴巴,都用很小的擠花嘴,總共需要 5 個擠花袋。

3 依圖示這樣用大的淺藍色擠花袋擠出兩個圓,上面小當頭、下面大當肚子。

4 依照圖示用白色擠花袋直接擠出兩個圓當眼睛,藍色肚子上則逆時鐘擠出比較大的圓。

記住!這個步驟一定要快,要在藍色部分還沒乾的時候就擠上去,才會平整的融合!

5 接著擠上黑色的眼睛、肚子的彎彎條紋、黃色的小尖嘴跟小爪子。

6 圖示是烤好的樣子,貓頭鷹長胖了!背面也記得要做喔!

7 接著將馬卡龍正反面上下排好,在反面外圈擠上乳酪奶油霜,中間填入藍莓果醬就完成了!

銀河星雲馬卡龍

Milky Way Macaron

銀河星雲馬卡龍使用了兩種染色小技巧，是不是看起來非常神祕呢！
為了讓成品盡量天然，銀河的黑暗物質是用竹炭粉製作的，
內餡是用真的香草棒做的濃郁香草甘納許，
密密麻麻跟繁星一樣多的香草籽是關鍵喔！
香草甘納許我改過配方，跟一般的白巧克力甘納許不同，
沒有那麼甜，搭配馬卡龍剛剛好！
一起來掌握宇宙吧！

難度 ★★★☆☆

製作重點
- 混色技巧
- 用銀粉點綴馬卡龍的方法

使用花嘴
- 1 公分直徑花嘴（或惠爾通 2A）

材料（25 個）

銀河馬卡龍

杏仁粉	150g
細糖粉	150g
蛋白	57g×2
細砂糖	150g
水	37g
竹炭粉	1 大匙
藍色色膏（或藍梔子花粉）	
紫色色漿少許	

香草甘納許

鮮奶油	350g
香草豆莢	2 根
白巧克力	200g
可可奶油	150g
奶油	50g

作法

1. 將一塊硬紙板剪成跟烤盤一樣大小，在上面畫出馬卡龍大小的圓形。因為烤好後成品會擴張，所以要留足夠的空間！先用硬紙板畫好就能重複使用，可以墊在烘焙紙或矽膠墊上。

2 **香草甘納許**：香草豆莢切開把籽籽刮下來放在鮮奶油裡，煮到微滾後，倒進白巧克力與可可奶油，全部拌勻就可以放涼備用。

3 銀河馬卡龍是用藍色打底，所以在煮糖漿的時候加入藍色色膏。藍色色膏威力是很強大的！加入一點點就很藍，可以看情況自行增減分量。

4 因為之後還要加竹炭粉與藍色色膏調成深藍與黑色，所以輕輕拌就好，不要太用力。不要把蛋白拌到完全消泡！因為你不會希望銀河馬卡龍跟真的銀河一樣無限擴張啊！

5 把麵糊分成三等份，一份加入更多藍色色膏拌成深藍色，一份加入1大匙竹炭粉拌成黑色（竹炭粉其實不是很顯色，只要拌成深灰色，烤起來就會很黑了）。要輕輕拌，因為希望三種顏色的馬卡龍糊蛋白都差不多的稠度，烤起來才容易成功！

6 最後把三種顏色的馬卡龍糊稍微拌一下。你看！是不是很有宇宙蒼穹的感覺呢！

7 為了讓宇宙更像宇宙，用乾淨的水彩筆或小刷子，沾紫色色漿或色膏（色膏會更顯色）刷在擠花袋裡（如果沒有紫色的話，用粉紅色也可以）。

8 可以開始擠囉！擠的時候看看顏色，如果同一種顏色太多，可以用筷子在擠花袋裡再攪拌一下。

9 最後！要製造繁星點點的感覺。在烤之前直接用小小的篩子撒上食用銀粉。這個步驟也可以改成烤完後再用小刷子刷銀粉，只是兩種方式會有完全不同的效果。撒好銀粉後等馬卡龍表面乾燥了再以烤箱 150℃烤 10 ～ 12 分鐘。

烤前灑的話會更華麗！大師級馬卡龍都是這樣做的。烤好後再刷上去就會比較淡，可是比較省錢，因為如果烤失敗了，貴森森的銀粉也泡湯了。

10 哇！烤好的銀河好美啊！將馬卡龍正反面上下排好，並在反面擠上滿滿的香草甘納許。然後把馬卡龍上下貼合起來就大功造成！

擠香草甘納許時室溫不要太低。因為配方有加可可奶油的關係，很容易凝固，組合時就不好夾了。擠的時候要盡量擠一圈，貼合起來邊邊才會漂亮。

特殊
造型蛋糕

花束千層蛋糕

Bouquet Mille Crepe Cake

這幾年來千層蛋糕真是惹火到不行！
有天參加朋友的婚禮盯著捧花一直看，
想說用薄餅做成可愛的花束不是很棒嗎？
只是個簡單的小步驟，千層蛋糕頓時華麗了起來！

材料

餅皮

奶油	85g
牛奶	700g
蛋	6 顆
鹽	少許
低筋麵粉	100g
高筋麵粉	80g
細砂糖	85g

銷魂卡士達慕絲

蛋黃	2 個
吉利丁	3 片

（若是粉狀大約 7g）

玉米粉	8g
牛奶	120cc
香草醬	1 大匙

（如果有香草豆也可以）

細砂糖	60g
鮮奶油	1 杯（240cc）＋糖 1 大匙

（這兩個先混合打發，大概打到像慕絲一樣的
質感，七分發就可以了）

難度★☆☆☆☆

製作重點
- 柔軟千層餅皮及美味內餡的作法
- 千層水果的排列方法

使用花嘴
- 1 公分直徑花嘴（或惠爾通 2A）

水果

草莓、奇異果、香蕉、哈密瓜
（香蕉切段，中間再剖成兩半，其他水果切片）

裝飾

薄荷葉、防潮糖粉

1 **餅皮製作**：先將牛奶與奶油加熱。取個大碗，把蛋、麵粉、糖與鹽混合，接著慢慢把牛奶＋奶油加進去。完成後用保鮮膜封好靜置冰箱一晚。取出麵糊，在不沾鍋刷上一層薄薄的奶油，一次一匙把麵糊倒入鍋裡煎。

2 用手轉動鍋子讓麵糊變成薄薄一層，煎到麵糊底部有點金黃就可拿起來，不用翻面。接著一層層疊起來，中間要夾烘焙紙避免黏在一起。

3 **卡士達慕絲**：牛奶、60g 的糖、蛋黃與玉米粉先打勻，倒入鍋子煮到滾，接著放入發好的吉利丁片整個融化拌勻。如果有顆粒，可用調理機打勻。最後加入香草醬（如果使用的是香草豆莢，在煮的時候就可放）。

4 靜置放涼後，再用打蛋器打均勻，接著與打發的鮮奶油拌在一起放進冰箱冷藏。

5 把做好的奶油餡裝在擠花袋裡，一圈一圈擠出奶油，放上水果片，再擠奶油。這個步驟也可以省略，直接用刮刀把奶油抹上去。抹平後依序鋪好喜歡的水果！

6 香蕉部分因為希望切開來跟山丘一樣美麗，所以要依圖示這樣排列。利用奶油把水果縫隙填滿並且抹平。

7 全部疊好後用平整的物體，例如蛋糕模壓一壓。

8 **花束製作**：拿出圓形的塔模（大概 9 公分）壓在餅皮上，切出一個個小圓型。

9 擠上一點奶油，上面放草莓與薄荷葉。

10 再擠一點奶油。

11 像包水餃一樣疊起來。

12. 然後捲成一個可愛的小花束模樣。

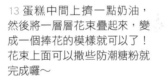

13 蛋糕中間上擠一點奶油，然後將一層層花束疊起來，變成一個捧花的模樣就可以了！花束上面可以撒些防潮糖粉就完成囉～

樹懶蒙布朗

Sloth Mont Blanc

這幾年樹懶很紅，但我可是從很久以前就很愛樹懶了！

為了樹懶，我還跑到亞馬遜河去看牠們！

樹懶做成蒙布朗，我絕對是古今第一人，

可以看出來我腦子裡除了甜點與動物，根本就沒別的東西！

難度 ★☆☆☆☆

製作重點
● 與蒙布朗超配的杏仁蛋白餅作法

使用花嘴
● **左** 1 公分直徑花嘴（或惠爾通 2A）
● **右** 樹懶的毛 - 星形花嘴（惠爾通 17 或 18 號）

材料（6 個）

達克瓦滋（杏仁蛋白餅）

杏仁粉	30g
糖粉	30g
蛋白	60g
細砂糖	60g

栗子奶油霜

無鹽奶油	140g
有鹽奶油	20g
有糖栗子泥	80 克
蘭姆酒	1/2 小匙

鮮奶油 300g ＋細砂糖 30g（先打發）

裝飾

防潮可可粉，白巧克力，黑巧克力做眼睛、鼻子、嘴巴

有糖栗子泥 …………… 1 罐

（如果只買得到無糖的也沒有關係，加一點糖粉打到合適的甜度就可以）

1 先來做蒙布朗的底，這其實就是達克瓦滋的作法。把蛋白打發，再慢慢加入糖打成硬挺的蛋白霜。把過篩的糖粉與杏仁粉，輕輕拌入蛋白霜裡，小心不要消泡。

2 將蛋白霜放進圓形的擠花嘴擠成約7公分的大小，像蝸牛一樣從中心螺旋擠成一圈即可。送進烤箱以120℃烤1小時到乾。因為餅乾上面會再放東西，所以餅乾表層一定要夠喔！

3 接下來做栗子奶油。很簡單，把有鹽與無鹽奶油打的白拋拋，放入蘭姆酒與栗子泥拌勻就行了。接著在杏仁餅上擠一球栗子奶油。

4 栗子奶油上面再蓋上厚厚一層鮮奶油。鮮奶油一定要很多很多才是蒙布朗的精神喔！

5 把樹懶的臉留白（可以先在上面用小刀劃一圈，免得擠的時候手忙腳亂，毛毛不整齊），用星形的擠花嘴把有糖栗子泥從上往下擠出毛的感覺。

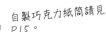

自製巧克力紙筒請見P15。

6 取一張紙剪小長橢圓，並蓋在蛋糕上，灑上防潮可可粉，做出樹懶眼睛笑咪咪的效果。最後用白巧克力與黑巧克力擠出眼睛、嘴巴就可以囉！

巧克力愛心蛋糕

Chocolate pound cake with heart surprise!

這個愛心蛋糕，超適合很有少女心的主婦們啊～
你一定很想知道多汁的愛心怎麼完美地塞進蛋糕裡的吧！
其實超簡單，只是個偽裝的很有深度，
其實很膚淺的蛋糕而已啊～

難度 ★ ★ ☆ ☆ ☆

製作重點

● 超濃郁可可蛋糕作法

使用花嘴

● 1 公分直徑花嘴（或惠爾通 2A）

 材料

紅色愛心麵糊

低筋麵粉	150g
蛋白	2 個

（室溫。為何要用蛋白呢？因為如果加了蛋黃，蛋糕會橘橘的）

細砂糖	190g
泡打粉	7g
牛奶	145g
奶油	90g

紅色色膏或甜菜根粉，用火龍果粉也可以

香草精	1 小匙

巧克力麵糊

低筋麵粉	170g
可可粉	100g
滾水	120g
奶油	225g
細砂糖	260g
蛋	4 顆
鹽	1/4 小匙

作法

1 紅色愛心蛋糕糊：把奶油、糖混合打成白拋拋，再分三次加入蛋白。打勻後再加入香草精，輪流把室溫的牛奶、麵粉、泡打粉分三次加入，拌成光滑的麵糊。

如果奶油沒有打好，或是加入冰牛奶，是沒辦法打成光滑的麵糊，蛋糕是會失敗變很硬！務必都要在室溫。麵糊不要打太久或太快，變硬就會不鬆軟，所以拌剛好就好。

2 拌好後就可加入紅色色膏。一點點拌入色膏到讓你滿意的顏色。接著將蛋糕糊倒入深一點的烤盤，用烤箱以 170℃ 烤 1 小時左右（用牙籤插進去確定是否熟透）。

火龍果粉、甜菜根粉、紅蘿子花粉也很好用，只要拿一點點水拌進去就可以使用。

3 烤好後，用愛心模蓋出一個個可愛的心型（要越厚越好）。

4 **巧克力蛋糕糊：**先將奶油、糖、鹽混合打好後，拌入室溫的蛋。可可粉先與熱水拌過，拌進去麵糊後，就可加入麵粉拌成蛋糕糊了。

5 好啦！真的好玩的來了！磅蛋糕模底鋪上烘焙紙，兩旁刷上奶油免得黏膜，擠入一層大概1～2公分厚的巧克力蛋糕糊，用倒的再用湯匙弄平也可以。

6 接著仔細的把愛心蛋糕像閱兵一樣排排站，愛心蛋糕中間要越緊越好沒有空隙，要可以站得起來！

7 愛心蛋糕排好後，旁邊的部分再填滿巧克力蛋糕糊。

8 接著在表層蓋上剩下的巧克力蛋糕糊，要完全覆蓋住愛心，不然烤完愛心會整排爆出來喔！完成後放進烤箱以170℃烤1小時。烤好後拿出來靜置放涼。

記得拿個鐵架，下面收集的巧克力醬還可以拿來回收泡熱巧克力喔。

9 **巧克力淋醬製作：**超簡單的淋醬～先把鮮奶油煮到要滾不滾，再加入巧克力，等巧克力整個融化掉變得光滑就可以了。靜置等到溫度降下來，整個倒在蛋糕上並抹平就行了！

愛心水果夏洛特蛋糕

Heart Shaped Fruit Charlotte Cake

如果家裡沒有蛋糕模，也是可以用鍋子做出超殺的愛心蛋糕！

只要照著做，裝飾漂亮的水果，不需要高超的擠花技巧，

就能輕鬆做好的零失敗必殺款！

我這邊使用的是 LC 的愛心鍋，其他鍋子也可以喔！

難度★★★☆☆

製作重點

● 水果漂亮立體排列的方法
● 美麗的手指餅乾蛋糕圍邊
● 利用各種容器做出美麗的夏洛特

使用花嘴

● 1 公分直徑花嘴（或惠爾通 2A）

材料

手指餅乾外皮

蛋	4 顆（蛋白、蛋黃分開，蛋白裡一點蛋黃都不能有唷！）
細砂糖	135g
低筋麵粉	120g
泡打粉	1/2 小匙

草莓慕斯

草莓	330g（切小塊）
細砂糖	150g（如果草莓很酸可多加糖，如果很甜可少放）
吉利丁	4 片
鮮奶油	330g

水果

草莓、葡萄、奇異果、芒果、白火龍果、哈密瓜、藍莓、覆盆子

透明果膠（或橘子果醬）
防潮糖粉

手指餅乾的攪拌方法請見 P78。

作法

1 烘焙紙上請先照著愛心鍋的高度畫出大概 9 公分寬的直線（這樣才容易擠出整齊的手指餅乾）。再畫出兩個比愛心鍋小的愛心圖形。手指餅乾糊拌好後，裝進擠花袋，用圓形擠花嘴擠出一條條並排，盡量整齊。用剩下的麵糊擠出兩個愛心要當夾層的喔。

2 接著在手指餅乾上灑一層糖粉再烤，表面會變得有點脆脆的裂痕更可愛唷。

3 烤箱以 200℃ 烤大約 8 分鐘。烤好靜置放涼後將烘焙紙翻過來，就可以輕鬆的跟摘面膜一樣，把紙或烤盤墊撕下來。

4 拿下來後用刀子把餅乾下面的部分修平（上面不要切）。

5 愛心鍋的底部因為有凹陷，所以要剪一個愛心形狀的厚紙板鋪在下面，接著再鋪上一層大於鍋身的保鮮膜，免得草莓慕斯漏出來黏在鍋子上。將手指餅乾圍一圈，如果不夠長，分兩段也可以。

6 把底部的蛋糕切成愛心形狀並放進去。準備就緒就可以開始製作新鮮的草莓慕斯。

7 **草莓慕斯製作**：將草莓與糖放在鍋裡用小火煮一下（草莓有非常多水分，如果不先煮直接拌進鮮奶油，慕斯很容易分離）。接著將草莓用果汁機整個打碎，趁熱混入加水發好的吉利丁。草莓泥靜置放涼後與打到七分發的鮮奶油輕輕的攪拌混合。

一般來說水果慕斯都要加義大利蛋白霜會較有空氣感。可是為了讓食譜簡單好做省略這個步驟，做出來較 creamy 的感覺也不錯。在拌的時候就可感覺整個慕斯在變硬囉！如果你的慕斯是變得水水的，可能草莓泥不夠涼，導致鮮奶油融化啦！

8 將草莓慕斯填入愛心鍋約一半的位置。

9 放入第二片心型蛋糕,填入剩下的草莓慕斯,完成後直接放進冷凍庫冷凍 4 小時。

可事先做好冷凍,等到要吃的時候拿出來把水果放好就行啦!

10 冰凍後,抓著保鮮膜往上拉,蛋糕就可以拿出來。水果請你跟我這樣擺!專不專業就看這邊了!先用草莓當支柱,再用葡萄圍邊。

11 奇異果切片,照順序排在草莓上。草莓拿來當支柱,讓其他水果更有立體感。

12 火龍果切片,也一片片放好。

13 蘋果切片依序放好,在中間再放一顆草莓。接著在水果空隙處填滿覆盆子與藍莓。

也可使用香擯葡萄或小瓣的橘子之類的水果!發揮巧思配色塞滿就對了。

14 在水果表層刷上水果果膠。不要刷在藍莓或覆盆子上,這兩種水果刷了不好看。

如果沒有水果果膠,直接拿橘子果醬熱一熱,刷起來也有一樣的效果!

15 最後在邊邊灑上防潮糖粉,打上緞帶就完成囉!打上漂亮的緞帶,不但美觀還可固定整個蛋糕喔!

萬聖節提拉米蘇蛋糕

Halloween Tiramisu

每次到了萬聖節,我就會做這個可愛的小墓地!
甜點配方不是用生蛋,而是加溫殺菌過的蛋黃來做,
而且免掉蛋白的部分,配上大量的馬斯卡彭起司,讓味道更濃郁。
再加上 Kahlua 咖啡酒浸滿自己烘烤的手指餅乾,
是我最喜歡的版本!真是無敵好吃!

難度★★★☆☆

製作重點
● 用卡士達餡做出更安全美味的提拉米蘇
● 用馬林糖及翻糖點綴出萬聖節氣氛

使用花嘴
● 1 公分直徑花嘴(或惠爾通 2A)

材料

手指餅乾

蛋	4顆(蛋白、蛋黃分開, 蛋白裡一點蛋黃都不能有)
細砂糖	135g
低筋麵粉	120g
泡打粉	1/2 小匙

馬斯卡彭慕斯

馬斯卡彭起司	450g
蛋黃	6 個
細砂糖	165g
牛奶	160g
鮮奶油	300g
（請先打發到慕斯狀）	
香草	1/2 小匙

espresso50g ＋ Kahlua100g(跟咖啡比例
1:2)兩個混合好,用來泡手指餅乾(如果
手邊沒有 Kahlua,可用蘭姆酒或 Amaretto
代替)
防潮可可粉
黑巧克力
翻糖、橘色色膏(做南瓜用)

阿飄馬林糖(作法請見 P228)

1 先做手指餅乾：
將蛋黃與一半的糖
打發成乳白色，把
蛋白跟另一半的糖
打到如圖示乾性發
泡的程度（我喜歡
在提拉米蘇的手指
餅乾硬一點，所以
蛋白打得較硬）。

4 馬斯卡彭慕斯：
把蛋黃與糖拌好，
加入牛奶用中火
煮，一邊不要命的
攪拌，像煮卡士達
醬一樣煮到濃稠，
大約2分鐘，要整
整滾半分鐘喔！

2 先在蛋黃裡加入
1/3 蛋白霜拌勻，
再加 1/3 的麵粉輕
輕拌勻。就這樣蛋
白、麵粉、蛋白、
麵粉輪流都各三次
拌好。

5 煮好後放涼，再
拌入香草與馬斯卡
彭起司（起司要在
室溫）。

6 終於可以開始組裝囉！先在容器
底部鋪一層手指餅乾（記得要留做
墓碑的餅乾），然後把咖啡、酒混
合後澆上去，澆一半就好，因為還
有第二層需製作。

3 拌好後在烘焙紙
上擠成長 5 公分的
長條形。放進烤箱
以 200℃ 烤大約 8
分鐘，烤到表面金
黃即可。

因為是長條形，
所以叫做手指餅
乾喔！

7 接著鋪上一半的馬斯卡彭慕斯，再鋪一層手指餅乾＋咖啡酒，最後再放另一半的馬斯卡彭慕斯。

8 把馬林糖蛋白霜打到硬，用大一點的圓形擠花嘴，擠成蝌蚪狀，從左上方用力擠出圓形再往右下角方向擠出尖角。

9 放進烤箱以 100℃烘烤 90 分鐘就可輕易取下。接著就上表情囉，鬼的眼睛是用食用黑色色筆（也可以用黑巧克力），粉紅色粉則是刷在臉頰上。

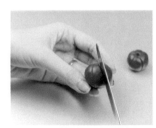

10 為了增加顏色可製作翻糖小南瓜裝飾。取部分翻糖與食用橘色色膏混合，並塑成圓形。在圓形橘色翻糖中間戳個洞，再用刀子刻出條紋。梗的部分可用 Pocky 餅乾，臉是用食用黑色色筆畫的（也可用巧克力唷）。

11 做好的餅乾墓碑，用巧克力擠上 RIP 等花樣。

12 最後在提拉米蘇表面撒上防潮可可粉。然後發揮想像力，把墓碑與鬼裝飾在提拉米蘇上。先插墓碑，再去安排鬼的去處就完成囉。

鮮奶油瑪爾吉斯蛋糕

Puppy Cake

最近真的是毛孩當道！
這個看似困難但卻超級簡單的瑪爾吉斯蛋糕，
是我從上大學時就開始做的超熱門商品！
輕輕鬆鬆就能做出一隻生動的狗狗，
如果用別的顏色還可以做西施或約克夏，
唯一的困擾大概是太可愛了捨不得吃吧！

難度 ★★★☆☆

製作重點
- 用簡單的擠花方式擠出蓬鬆毛茸茸的鮮奶油
- 把方形蛋糕排列成狗狗的雛形

使用花嘴
- **左** 惠爾通 233
- **右** 惠爾通 1 或 2 號

材料

蛋	4 顆
細砂糖	100g
低筋麵粉	90g
牛奶	7 大匙
沙拉油	4 大匙
植物性鮮奶油	600g（如果不熟練的話，用植物性鮮奶油會比較好擠）

◎動物性奶油的話，請用 700g 的 35% 動物性鮮奶油，加上 50g 的糖與 50g 的馬斯卡彭起司（加入馬斯卡彭會比較硬，比較好擠，也不容易出水）

1 蛋白的部分，與60克的糖打發，要打到乾性發泡，就是將碗翻過來蛋白都不會滑下來的程度。

2 蛋黃的部分，與40克的糖打發，混入牛奶與油，再倒入麵粉混合。這是最基本的戚風蛋糕的作法，不用加泡打粉就很好吃！

每個人的烤箱不同，記得要測試看看，不要烤過頭了，軟綿綿的狗狗吃起來才好吃！

3 將蛋糕糊倒入8吋的方型烤盤（記得在底部鋪上烘焙紙，只能底部，邊邊不能有，不然戚風蛋糕會爬不上去，就沒有軟軟的感覺，所以也不能用不沾模）。用烤箱以160℃烤40分鐘，插入牙籤都沒有沾到液體就烤好了。

4 蛋糕烤好後，切成10公分寬、1.5公分高的幾片，依圖示疊三層起來，最上面用6公分寬的蛋糕片，中間塗滿發泡鮮奶油，或夾入喜歡的水果。

最上面那一層要比較窄，是因為這樣才有狗狗圓嘟嘟身體的感覺。

5 怎樣！看起來越來越有狗狗的雛形了吧！切出四個小方塊做腳，然後一個4X5公分的方塊做口鼻。要記得都用鮮奶油黏好。

拿出一張廚房用紙，一邊擠一邊清理擠花頭。擠花頭不清理的話，擠出來的毛就不會根根分明喔！

6 身體部分一切都弄好後，用鮮奶油把身體都塗勻一遍，這樣等一下擠狗毛時，如果有漏洞看起來比較不會那麼明顯。使用惠爾通233號，看起來有很多洞洞的擠花嘴，裝進打發過的鮮奶油擠出毛來。從下往上、由左往右很有耐心地慢慢擠。

7 依圖示一層層地擠上去，越往上毛越長會比較生動。最上面頂端的毛則擠的短一點，會更可愛立體，不然看起來就會是一隻很沒精神的狗喔！

9 臉的部分擠出短短的毛，耳朵部分拉出蓬蓬的毛，像眉毛一樣的感覺。

8 尾巴部分依圖示這樣多擠一點，擠的蓬蓬的。

10 鼻子部分跟眉毛一樣加強一下，拉長一點，腳也要擠上短毛。

11 用巧克力或是黑色翻糖做好眼睛黏上去，再用惠爾通 2 號花嘴，擠出一點零星的毛會更生動！頭上放上蝴蝶結會更可愛喔！

如果用的是翻糖，時間久了會被鮮奶油融化，可在黑色翻糖上沾一點黑巧克力做隔離，也可用奶油霜代替鮮奶油，或是在吃之前再放上眼睛與鼻子。

小鹿斑比戚風蛋糕
Deer Chiffon Cake

戚風蛋糕真的不簡單！
一下消風、一下長不大、一下氣泡太多、一下爆炸，
如果戚風蛋糕要有造型，那還得有高超的脫模技術才行！
如果第一次沒有成功千萬不要洩氣，因為這是很正常的～～
在這篇全面掏出我所有的絕技，學會後一切都值得了！

難度 ★★★★☆

製作重點
- 做出造型戚風蛋糕
- 戚風蛋糕完整的脫模

使用花嘴
- 頭上斑點 - 0.5 公分直徑花嘴（或惠爾通 10 號花嘴）

材料（6 吋戚風蛋糕模）	
蛋黃	2 個
細砂糖	20g
蛋白	5 個
細砂糖	60g
塔塔粉	1/3 小匙
沙拉油	50g
水	65g
鹽	少許
小蘇打粉	1/4 小匙
低筋麵粉	70g
可可粉	20g
水	10g
香草醬	1/3 小匙

1 烤箱先預熱到 160℃。我們要做兩種蛋糕糊：白色與巧克力色。因為要維持臉的白色，這個配方的蛋黃比較少。先把蛋黃跟 20g 的糖打成乳白色，混入水和沙拉油，再把過篩的麵粉、鹽加入一起拌勻。從白色蛋糕糊拿出 25g 的蛋糕糊另外拿個碗裝好，這是白色做臉部的蛋糕糊。

2 把蛋白先打到起泡，塔塔粉、糖，分三次加進去打到乾性發泡。就是把碗翻過來，蛋白都無動於衷就行了。

打到乾性發泡很重要！蛋糕才會好好地發起來。因為這個配方需要極穩定的蛋白，所以塔塔粉也很重要。

3 拿出 25g 的蛋白和做臉部白色蛋糕糊拌勻。

製作戚風蛋糕的小技巧，先取 1/3 蛋白拌勻後，再拌剩下的蛋白。

4 依圖示這樣用小湯匙在蛋糕模的邊邊畫出臉來。

戚風模最好用這種底部可以拿下來的。

5 細節的部分，像小鹿頭頂的斑點，則是用擠花袋來完成！

6 有臉的那一面朝下，隔鍋烤 2 分鐘到臉部蛋糕體定型！如果麵糊夠硬是可省略這部分，可是如果你跟我一樣大手大腳的，建議先烤比較好。

7 剩下的蛋黃糊，加入可可粉和 10g 的水、香草醬、小蘇打粉拌勻，再把剩下的蛋白分兩次加入。先加入 1/3 拌好，再加剩下的蛋白輕輕拌勻。

8 攪拌完成後慢慢倒進蛋糕模。戚風蛋糕最怕有很大的氣泡，所以在倒蛋糕時要低，越低吸收的空氣越少。蘇打粉是為了與可可粉酸鹼中和，也可減少氣泡。

在攪拌時動作也不要太大，免得把更多氣泡打進去。

10 烤好的戚風蛋糕倒扣6小時以上，然後就要進行非常驚險的脫模了！一定要夠涼才可以脫模！手依圖示慢慢壓著邊緣，慢慢的往下壓，把旁邊的蛋糕跟蛋糕模分開，就可以順利脫模了！底部的部分如果比較難，可以使用刮刀。

9 把戚風模輕輕敲個五、六下，將氣泡打出來。然後拿一把小刀輕輕在裡面切一切，這個動作可以把大的氣泡打散。記得有畫臉的那邊，特別要拿刀子把蛋糕糊壓一下，不然蛋糕糊有可能沒有把每個空隙都填滿，例如頭上的小斑點旁邊可能就會有洞洞。

放入烤箱第一次以160℃烤15分鐘，第二次150℃烤15分鐘，第三次140℃烤10分鐘到牙籤插進去完全沒有蛋糕糊為止。為什麼要這麼費工？這樣臉部蛋糕體才不會變焦黃色！

11 小鹿的臉可用巧克力、塑形巧克力（作法請見p13）等材料。如果不怕麻煩，可使用竹炭粉烤出來的戚風平面蛋糕，再壓出眼睛、鼻子。

黑色戚風蛋糕配方：
蛋白1個、蛋黃1個、糖25g、麵粉20g、竹炭粉1大匙、水15g、沙拉油15g。

12 耳朵也是另外再烤白色與巧克力蛋糕製作而成。可使用細的、炸過的義大利麵條來插耳朵。角的部分可用市售的餅乾，用巧克力將兩根棒狀餅乾黏起來就會很像角囉！

雪人蛋糕捲

Snowman Strawberry Cake Roll

叮叮噹叮叮噹～哇好有聖誕氣息的蛋糕捲喔！
可愛的雪人包著紅色圍巾站在雪裡，漂亮的藍天還飄著雪呢～～
這樣一體成型的蛋糕捲是不是爆炸可愛？
其實只要掌握幾個步驟就可以做出各種圖案的蛋糕捲，
等著大家對你發出讚嘆的聲音吧！

難度★★★★★

製作重點

● 做出一體成型、有漂亮圖案的蛋糕捲
● 把蛋糕捲裡的草莓夾得漂亮的方法

使用花嘴

● 左 雪人圍巾及帽子 - 直徑 0.3 公分或惠爾通 7 號
● 中 雪人與雪球 - 直徑 0.5 公分花嘴或惠爾通 10 號
● 右 做藍天與白雪的分際線 -1 公分直徑花嘴或惠爾
　　通 2A

材料

蛋糕捲

蛋黃	2 個＋糖 20g
蛋白	6 個＋糖 70g
麵粉	100g
塔塔粉	1/2 小匙
玉米粉	1 小匙
冰酒	30g

（或 30g 水＋ 30g 糖＋蘭姆酒 1 大匙）

水	70g
沙拉油	60g

藍櫨子花粉 1/2 小匙＋水 1/2 小匙先拌勻
紅色色膏少許

裝飾（眼睛、嘴巴、手）

黑巧克力＋竹炭粉

內餡

鮮奶油	170g
細砂糖	15g
馬斯卡彭起司	15g

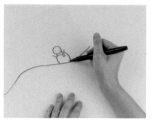

1 在紙上畫出雪人圖案，這是要拿來墊在矽膠墊上。我非常推薦用 Pavoni 的矽膠墊，用這種墊子烤就不用怕辛苦畫好的花紋不見，或蛋糕捲烤完被烘焙紙弄的皺皺的問題，總之簡單很多！

2 烤箱預熱 170℃。蛋黃先跟 20g 的糖打到乳白色，加入一半的油打勻。接著加水打勻後再加麵粉拌勻，最後加另外一半的油整個拌勻就可以了。

拿出 5g 麵糊放入小碗，加入紅色色膏做成紅色的圍巾蛋糕糊。另外拿出 80g 的麵糊，加入融化的梔子花粉做成藍色蛋糕糊。

3 蛋白加入塔塔粉打，發泡了以後糖分兩次加入，打到濕性發泡後再加入玉米粉打到硬，打到碗翻過來蛋白都不會動的程度。

這個蛋糕要分成很多部分製作，如果不用塔塔粉與玉米粉幫忙的話，蛋白會很快消泡。

4 拿出 1 小匙的蛋白霜與紅色的蛋糕糊拌勻。做花樣的部分，蛋糕糊最好可以硬一點才好固定，所以加入的蛋白分量比較少。

5 烤盤墊上先刷一層薄薄的沙拉油，蛋糕才不會黏在墊子上。將蛋糕糊放入擠花袋，先擠帽子跟可愛的圍巾，放烤箱烤 1 分鐘。

6 剩下的白色蛋糕糊與 240g 的蛋白霜分兩次三次拌均勻，用小的圓形擠花嘴，擠出雪人與小雪花，放入烤箱烤 1 分鐘。

7 拿出一部分的白色蛋糕糊裝進擠花袋裡，用大的圓形花嘴擠出雪與藍天的分際線，這樣藍色蛋糕糊放上去的時候才會整齊。

8 用湯匙輕輕把藍色蛋糕糊的天空補好，分際線部分不要有空隙。

9 把上面抹平,放進烤箱以 170℃烤 14 分鐘。下火不要太旺,因為要維持蛋糕捲的雪白。如果下火很大,要多加個烤盤。

14 把鮮奶油、糖、起司打到硬後,抹在蛋糕上,前後留 3 公分不要塗,接著將蛋糕的兩端斜切。草莓切四半,排列在奶油上。

10 出爐後在表面撒上防潮糖粉。

15 接著要開始捲蛋糕!拉著烘焙紙來捲。不要緊張,多練幾次一定會成功。重點是紙不要沾到鮮奶油,不然會弄得亂七八糟。

11 放上一個烤盤架或烤盤墊,把蛋糕很快的翻過來。輕輕撕下蛋糕墊,你看圖案很美吧!現在等蛋糕變涼就可以囉!

16 依圖示這樣手根本不用接觸到蛋糕,就可以捲得很漂亮了,只需要輔助讓它捲緊就好!

12 蛋糕放涼了後用蛋糕刀輕輕在上面劃一條條的線,這樣捲的時候蛋糕比較好捲。

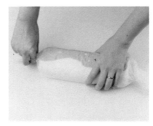

17 最後確定雪人圖案在上方,然後將兩邊的烘焙紙像捲糖果一樣捲起來,放冰箱冰至少 2 小時。

13 在蛋糕上刷上冰酒。糖加水,加其他水果酒也可以,但冰酒跟草莓超搭!很推薦!

18 蛋糕拿出來後再用手塑型,確定是個圓圓可愛的蛋糕捲後,切掉兩邊。調和黑巧克力＋竹炭粉(巧克力紙筒作法請見 P15)畫出手和臉。

聖誕巧克力小木屋蛋糕
Christmas Chocolate Mousse House

聖誕薑餅屋很可愛，可是你真的愛吃嗎？
如果換成鬆軟的巧克力蛋糕、香濃的巧克力慕斯，
再加上可愛的小小聖誕樹裝飾，
叮叮噹、叮叮噹，當心聖誕老公公賴在你家不走喔～～

難度★★★★★

製作重點
- 把蛋糕搭成小木屋的樣子
- 擠出像木頭的巧克力慕斯

使用花嘴
- **左** 雪 - 1 公分直徑花嘴（或惠爾通 2A）
- **中** 木頭 - 大星形花嘴（或惠爾通 4B）
- **右** 聖誕樹 - 惠爾通 233

材料

巧克力蛋糕體

可可粉	180g
高筋麵粉	165g
低筋麵粉	300g
細砂糖	600g
小蘇打粉	25g
泡打粉	10g
鹽	10g
蛋	3 顆
蛋黃	2 個
水	450g
牛奶	450g
沙拉油	170g
香草	10g

巧克力慕斯

鮮奶油（35%）	900g
細砂糖	85g
水	65g
蛋黃	3 個
黑巧克力（70%）	340g
牛奶巧克力	170g

裝飾

巧克力 POCKY 一包
裝飾性鮮奶油
綠色色膏
糖珠
手指餅乾一包
方形巧克力數片

1 **巧克力蛋糕**：先將麵粉、可可粉、糖、鹽、小蘇打粉與泡打粉混合過篩。牛奶、蛋、水（室溫）與粉類混合攪拌，再加入沙拉油拌勻就可以了。

4 巧克力先用微波爐融化（只要一次微波 10 秒就可以慢慢融化，不用隔水加熱）。趁蛋黃還溫溫的時候拌入融化的巧克力，再拌入打到六分發的鮮奶油，然後放進冷藏室冰到凝固。

2 將巧克力蛋糕糊倒入 10 吋的方型烤盤裡，放進烤箱以 170℃烤 1 小時（或是牙籤插入不沾黏的程度）。

5 巧克力蛋糕烤好後，切 15X20 公分長的方塊，疊到大概 15 公分高（如果有不夠的地方，就用兩塊蛋糕拼在一起）。最上面那層用刀子切出斜度準備做屋頂。

3 **巧克力慕斯**：將蛋黃全力打發，另外同時把水加糖煮到 115 度，然後慢慢的倒入蛋黃裡。

打到這樣的乳白色。

6 再用刮刀把巧克力慕斯抹在蛋糕四邊。

7 可愛的小木門是用巧克力 POCKY 排列，窗戶部分則以巧克力片黏上。將巧克力慕斯裝袋，用大星形擠花嘴擠出一根根木頭的感覺。

8 在屋頂放上手指餅乾（作法請見 P78，也可以用市售的手指餅乾）。

9 在房子四周可崁上巧克力 pocky 餅乾，就可以掩飾邊邊不平的問題。接著在屋頂上擠滿鮮奶油當雪。

10 窗戶用白色鮮奶油擠出形狀，可以再擠出淺淺的結霜感。

11 現在可以替小木屋做些裝飾囉。在屋頂邊緣用鮮奶油擠上結冰的感覺，加上一個聖誕花圈（如果買不到，可以用綠色的鮮奶油做）。在小木屋前切一個圓形尖錐體蛋糕，用惠爾通 233 號花嘴與用綠色色膏染的鮮奶油擠出聖誕樹，再用糖珠與緞帶裝飾。前面可以放上市售的，用蛋白霜做的聖誕老公公跟雪人。

小小兵翻糖蛋糕

Fondant Minion Cake

其實翻糖只要披覆好，看起來就很專業，
也不用擔心奶油抹不平，把它當成布料來使用就好囉！
我想應該沒有人不喜歡小小兵吧！這個蛋糕用了一些小技巧，
不需要太多特殊的工具，就可以做出大人小孩都愛的卡通翻糖蛋糕！

難度 ★★★★★

製作重點

● 學會披覆翻糖好簡單

● 翻糖小配件塑形技巧

材料

巧克力蛋糕（作法請見 P94）

可可粉	180g
高筋麵粉	165g
低筋麵粉	300g
細砂糖	600g
小蘇打粉	25g
泡打粉	10g
鹽	10g
蛋	3 顆
蛋黃	2 個
水	450g
牛奶	450g
沙拉油	170g
香草	10g

瑞士蛋白奶油霜 500g（作法請見 P15）

翻糖：5 磅裝（2.5 公斤）
色膏：黃色、藍色、黑色、棕色
黑色食用色素筆
銀色色粉、伏特加酒
牙籤

作法

蛋糕體作法與聖誕巧克力小木屋相同，是一樣的份量。這裡是用一個6 吋的蛋糕摸、一個戚風蛋糕摸。

1 翻糖蛋糕需要很強壯的蛋糕體來製作喔！因為翻糖很重，如果用軟綿綿的蛋糕來做翻糖，一放上去可能就扁了。這邊是用扎實的巧克力蛋糕，搭配一樣堅固的瑞士蛋白奶油霜。

2 蛋糕烤好後，用蛋糕刀切成五層。小小兵最好做了，因為五短的身材！身體一層層疊好後，最上面把蛋糕稍微修一下做成圓球型，小小兵差不多要有 17、18 公分左右的高度喔！

3 在一層層蛋糕的中間抹上瑞士蛋白奶油霜，在外面也這樣塗上一層薄薄的奶油霜，製作時最好開冷氣，溫度較低，奶油霜才會比較固定喔！

4 這個步驟最好可以一天前做好！把1公斤的翻糖用黃色色膏染成黃色，然後把翻糖用保鮮膜包好，不然翻糖跟空氣接觸很快會變硬的。

8 圖示這個像板擦的東西，是專門拿來整理翻糖把它弄平的，如果沒有，用手也可以的！

5 桌面上灑一點玉米粉，把翻糖擀開到約 0.4 公分厚，用皮尺量一下小小兵的圓周長，把翻糖切成約 19 公分長、寬是 12 公分的長方形。

9 取約 300g 的翻糖染成藍色，先擀開並切成約 2 公分，用一點水來黏著小小兵底部並繞一圈，這就是褲子喔！

6 像圖示這樣先圍一圈，接縫部分要小心的拉緊弄整齊喔！多的翻糖用刀子切掉。

10 做兩片梯型藍色翻糖，拿來做吊帶褲的前後面。

像這樣子！

7 頭頂則是用黃色翻糖擀成 13 公分的圓型（也可以用皮尺來量，重點是圓形要比較小），這樣輕輕地拉翻糖直到與下面的身體接好，盡量不要有縫隙喔！

11 眼睛則是建議前一兩天就要做好。這裡是用約 5 公分寬的圓形餅乾模壓出白色的圓，上下再用黃色翻糖做出眼皮的部分！

12 現在來做小小兵的超炫鏡框！這個步驟也是建議兩天前製作喔！用一點點黑色色膏染出淺灰色的翻糖，擀成 0.8 公分厚的翻糖，切成長條，利用餅乾模的內側塑成很俐落的圓型。這裡用的是 6 公分的餅乾模喔。

找把鏡框周圍的釘子也做出來了！

13 放置一兩天變硬後，在三個點插入牙籤。牙籤是為了要把鏡框牢牢的固定在小小兵的臉上喔！

像這樣先把眼睛用一點點水黏好。

14 等到眼睛與鏡框都硬了定型了，在眼睛中間加上棕色的眼睛、黑色的瞳孔，與白色的光點。

15 像這樣把鏡框插進去！如果牙籤很難刺進去，可用剪刀夾著牙籤往蛋糕裡推，可剛好在眼睛的四周喔！

16 依圖示把肩帶做好！從前面的梯形衣服黏到後面。

17 用刀子有耐心地沿著藍色翻糖邊緣，刺出縫線的感覺。這個步驟很麻煩，可是直接影響到蛋糕的精緻度喔！一定要做出來。

18 用黑色翻糖帶子完全蓋住頭與身體的交接線！很聰明吧！然後在眼鏡旁邊用灰色翻糖做好眼鏡架收邊。

19 口袋部分呢！切出口袋的形狀，用黑色食用色素筆畫出小小兵的標誌！

23 鞋子部分要注意的是鞋底要做出來喔！

20 用黑色翻糖捏出扁扁的小圓型，用筆壓一下做成扣子。

24 這是頭髮的部分。用黑色翻糖搓成細長型，這樣黏在牙籤上就行了！

21 把扣子黏在肩帶上，然後用藍色的翻糖做出扣子像X一樣的縫線，再像圖示這樣把手臂做出來～

25 插進去～小小兵就從光頭變身啦！

22 手的部分很像拳擊手套，只要用剪刀這樣剪一刀就可以做得很像了。

26 把食用銀粉與一點伏特加調勻，用小刷子把眼鏡鏡框刷成銀色！你的小小兵就完成等著被吃掉啦！

可愛
造型麵包

102

萬聖節怪物手撕麵包

Halloween Monsters Pull Apart Bread

覺得日本人真是強大的民族，可以設計出那麼可愛的麵包！
想了很久要放什麼怪物，被淘汰的有吸血鬼、女巫、蜘蛛、幽靈，因為太難做了。
這個麵包是用小山園抹茶、番茄粉、南瓜粉，還有竹炭粉做的，非常天然。
要注意的是抹茶粉要買日本的，做出來才會是可愛的翠綠色喔！

材料

麵糰（這個份量要做 4 份，分別是綠色、黑色、白色、橘色）

高筋麵粉 ·············· 90g
細砂糖 ·············· 1/2 大匙
鹽 ·············· 1/4 小匙
蛋 ·············· 12g
速發酵母 ·············· 1/2 小匙
溫水 ·············· 35g
煉乳 ·············· 1/2 大匙
奶油（室溫） ·············· 15g

調色用粉

竹炭粉 ·············· 2 小匙
抹茶粉 ·············· 1 小匙
番茄粉 1 小匙＋南瓜粉 1 小匙（如果顏色不夠橘，可以再加點紅麴粉，或橘色色膏）
方形 18 公分烤盤（先在四周底部刷好奶油，麵包才不會黏在上面）

裝飾

黑色食用色素筆
翻糖、黃色色膏、粉紅色色膏
白巧克力

難度 ★☆☆☆☆

製作重點

● 運用天然色粉做出各色麵包
● 用巧克力與翻糖幫麵包做裝飾

作法

這個麵糰的份量是比較多的，讓你可以自由發揮要做什麼怪物。

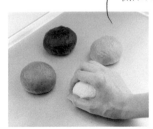

1 將酵母與溫水拌一拌，除了奶油以外，把水、糖、鹽、蛋、煉乳、色粉與麵粉揉成有彈性的麵糰，然後加入奶油揉勻。接著揉成球型，只要用手在桌子上不停轉圈圈就可以了。4 個麵糰分別拿保鮮膜蓋好，放在溫暖的地方 45 分鐘等它長大。

2 等到麵糰發酵好就開始做怪物啦！每個怪物麵糰是50g，一定要用量的喔，目測不準，等發酵好才發現麵糰都不一樣大就糗了！

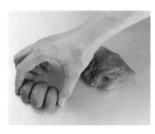

3 南瓜是比較特別的，切出兩個15g的麵糰，與一個20g的麵糰，分別揉成小球後依圖示黏在一起再揉一下，一定要壓緊！不然南瓜發酵會壓到別的怪物。

4 殭屍怪物是用黑色的40g麵糰，將10g的白色麵糰揉成條狀，像繩子一樣繞著黑麵糰，壓到底下收邊，一定要壓到底部喔！

5 眼睛也是用白色麵糰壓好。你看我是特別偏好綠色怪物的，做了3個。這個狀態再讓它發酵20分鐘。

這是發好的樣子，麵糰都長大了，但還是有空隙。

6 等發好脹大後，把一個黑色小麵糰剪成三角形，這樣用牙籤戳進黑貓麵糰裡做耳朵。麵糰在脹大時，會把上面的東西彈掉，為了保持耳朵三角形可愛形狀，烤前再放於麵包上比較好，烤之前把所有的眼睛都再壓緊。完成後送進烤箱以150℃烤10分鐘。

7 烤好後把麵包拿出來，再翻正，等它涼後用食用黑色筆畫出眼睛、嘴巴、南瓜的臉。

8 為了讓黑貓的眼睛有神一點，靜置放涼後才用黃色翻糖來做。舌頭部分是用粉紅色的翻糖，牙齒則是白巧克力做的唷！

翻糖放到隔天會融化，如果要放到隔天請用黃色巧克力，或是烤之前用一部分的白色麵糰染黃做眼睛。

非洲草原動物麵包

Africa Safari Pull Apart Bread

一直想去看非洲動物大遷徙，既然還沒有如願，只好做做麵包來解悶了！
有沒有發現，只要善用一些天然的材料，就可以做出各種可愛的動物！
這個麵包用方形烤模來做也會很可愛喔！

難度★★☆☆☆

製作重點

● 用餅乾及小麵糰幫動物做角與耳朵

材料

黃色麵糰（獅子及長頸鹿）

高筋麵粉	90g
細砂糖	1/2 大匙
鹽	1/4 小匙
蛋	12g
速發酵母	1/2 小匙
溫水	35g
煉乳	1/2 大匙
奶油（室溫）	15g
南瓜粉	1 小匙

白色、黑色及巧克力麵糰

高筋麵粉	90g
細砂糖	1/2 大匙
鹽	1/4 小匙
蛋	12g
速發酵母	1/2 小匙
溫水	35g
煉乳	1/2 大匙
奶油（室溫）	15g
可可粉	1 小匙
竹炭粉	1/4 小匙

裝飾

黑色和棕色食用色筆
pocky 餅乾
白巧克力

作法

1 看起來好像很複雜，其實只是 4 種麵糰而已唷！
先來做黃色麵糰：溫水加入酵母，與麵粉、糖、鹽、
南瓜粉、蛋及煉乳揉成糰，然後加入奶油揉成有
彈性的麵糰。

白色麵糰也是一樣的方法，做好後切出 50g 麵糰
加入 1 小匙可可粉揉成巧克力麵糰（這是做獅子
與長頸鹿的）。另外切出 30g 加入 1/4 小匙竹炭粉
揉成黑色麵糰（這是要拿來做斑馬的喔！）。

4 種麵糰分別放在碗裡，用保鮮膜蓋好放在溫暖
的地方 45 分鐘等他們長大。之後將黃色麵糰分成
20g 的小糰，揉成一個個小圓球，白色也一樣。

2 巧克力麵糰分成
10g 的小糰。先來
做獅子，10g 的巧
克力麵糰搓成長條
狀，並擀平。

3 依圖示這樣包在
黃色小球旁邊，這
是獅子的毛喔。

4 長頸鹿則是把黃麵糰搓成橢圓形，把 10g 的巧克力麵糰擀開，包住 1/3 的黃色麵糰，把邊收在麵糰底下。

5 白色斑馬也是，把 10g 的黑色麵糰包住 20g 的白色麵糰。在戚風蛋糕模塗上奶油，將獅子、斑馬、長頸鹿圍成一圈。用黃色麵糰搓出小圓球做獅子的鼻子，把鼻子壓緊，讓麵包再發 20 分鐘。

6 剩下的白色與黃色麵糰，做出獅子的圓耳朵、長頸鹿的尖耳朵，和斑馬的尖耳朵。全部的麵包送進烤箱以 150℃烤 10 分鐘。

7 烤好靜置放涼，用筷子或其他尖尖的東西，在應該裝耳朵的地方插洞，然後用一點白巧克力把耳朵黏進去。

8 長頸鹿的角用 pocky 餅乾來做就很像囉！也是一樣插一個洞。

9 把 pocky 餅乾插進去固定。

10 用黑色食用色筆畫出斑馬的線，頭頂、臉頰各 3 條喔！畫出所有動物的眼睛及獅子的鼻子，用棕色色筆畫出長頸鹿的斑點，再用竹籤插出每隻動物的鼻孔就完成了！

鯊魚小漢堡
Shark Mini Sliders

鯊魚把你的漢堡吃掉了！好啦，其實鯊魚是不太攻擊人的！
像我最喜歡的是斧頭鯊，牠們長得超好笑，
因為眼睛長在旁邊，連嘴巴在吃什麼都看不見呢！
這些鯊魚小漢堡是不是很可愛，感覺就是帶去野餐小孩會尖叫的啊！
我們大家一起吃鯊魚漢堡～不要吃魚翅，保護鯊魚人人有責！

難度 ★★☆☆☆

製作重點

● 如何做出雙色麵包
● 切出潔白的鯊魚牙齒

材料（8 隻鯊魚）

藍麵糰

高筋麵粉	230g
牛奶	150g
鹽	1 小匙
細砂糖	2 小匙
奶油	20g
速發酵母	1/2 小匙
藍梔子花粉	1/4 小匙

白色麵糰（做牙齒的）

高筋麵粉	55g
牛奶	35g
鹽	1/4 小匙
細砂糖	1/2 小匙
速發酵母	1/3 小匙
奶油	5g

作法

1 牛奶讓它有點溫溫的，把酵母和糖放進去等待發酵。麵粉過篩後與鹽、牛奶和藍梔子花粉一起放入鋼盆（這個步驟不用機器，用手也可以做喔）。用打麵糰的鉤子接頭，中速攪拌到成糰的樣子，漂亮的粉藍色很美，最後揉進奶油。

2 用手再揉一下確定可以做成光滑的麵糰，要有彈性又好塑形就可以囉！輕輕拿布或保鮮膜蓋好，放在溫暖的地方大概 50 分鐘，讓它長大。白色的麵糰也是一樣用手揉好一起發唷！

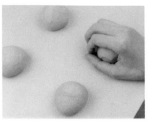

3 長大後的麵糰分成一個 55g，用手蓋在上面在桌面上轉圈圈，弄成一個個小圓球。還可以雙手一起進行喔！

4 全部弄成球形後，用利的刀子切出嘴巴。要在麵糰從上算起 2/3 的地方開始切，上半部要比較多才會像鯊魚頭的上半部。

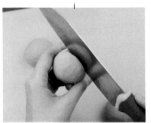

5 將 5g 的白色麵糰切成長條菱形狀，塞進藍色麵糰裡，要塞很緊等等再發酵第二次時，白色部分才不會爆出來（暴牙的鯊魚很爆笑的，魚會從牙縫逃出來唷）。

6 把麵糰整理好，讓白色、藍色麵糰沒有空隙，烤起來才會漂亮！

7 把尾巴壓窄，做成魚的形狀。

8 讓鯊魚們在溫暖的地方再長大 30 分鐘。你看這是鯊魚長大後的樣子。

9 烤箱以 160℃烤 10 分鐘。注意你的烤箱喔！牙齒要留白，不能黃黃的。接著用刀尖切出鋸齒狀的牙齒。

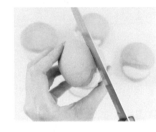

10 從後面先繞著麵包切一圈。確保牙齒不是歪斜的，小心切成兩半，前面牙齒部分不要損傷喔！

11 最後我用翻糖與黑色食用筆做好眼睛。你看裡面夾上漢堡肉多可愛啊！插上可愛的藍色小旗子，就會更像真的鯊魚喔！

用翻糖做眼睛時，要用一點巧克力去黏在麵包上，因為麵包會持續散發水氣，翻糖放到隔天會融化的，如果不是馬上要吃，要用白巧克力來做。

Kitty 與美樂蒂手撕麵包
Hello Kitty And Melody Pull Apart Bread

以前都不了解這隻無嘴貓的魔力，
可是做完這個麵包我眼冒愛心都快變成 kitty 粉了！
我一直懷疑美樂蒂只是戴了帽子，沒有鬍子，
還戴了瞳孔放大片的 Kitty 啊～～

難度★★☆☆☆

製作重點
● 剪出 kitty 造型的剪刀小技巧
● 立體耳朵製作的方法

1 白色麵糰很簡單，將酵母與溫水拌一拌，除了奶油以外，把水、糖、鹽、蛋、煉乳、色粉與麵粉揉成有彈性的麵糰，然後加入奶油揉勻。

粉紅色的麵糰也是一樣，火龍果粉或色膏請自行調整份量到想要的粉紅色，然後拿出 30 克麵糰加入紅色色膏或紅麴粉做成紅色麵糰，這是要做蝴蝶結用的唷！

材料

白色麵糰

高筋麵粉	90g
細砂糖	1/2 大匙
鹽	1/4 小匙
蛋	12g
速發酵母	1/2 小匙
溫水	35g
煉乳	1/2 大匙
奶油（室溫）	15g

2 等到麵糰都發好後，把白色的揉成 30g 的小糰（這是要做 kitty 的），與 20g 的小糰（這是做 melody 的）。粉紅色的麵糰分成 10g 並且擀開。

粉色 & 紅色麵糰

高筋麵粉	90g
細砂糖	1/2 大匙
鹽	1/4 小匙
蛋	12g
速發酵母	1/2 小匙
溫水	35g
煉乳	1/2 大匙
奶油（室溫）	15g

火龍果粉或紅蘿蔔色粉 1 小匙，或粉紅色膏
紅色色膏或紅麴粉

黑色食用色筆
翻糖＋黃色色膏（做鼻子）
白巧克力
細義大利麵（請先自己油炸過）

3 將粉紅色麵糰包在 20g 的麵糰球上，臉的部分要貼緊，最好在桌上滾一下，不然烤的時候會分離喔。

4 做 kitty 的麵糰等它發 10 分鐘，用剪刀剪出耳朵，斜著剪，要剪得較大，因為烤出來麵糰會膨脹，如果一開始耳朵剪的很小，烤完就會不見了。

8 把細的義大利麵用油炸一下，拿來插 Melody 的耳朵。

5 3 個 kitty、3 個美樂蒂排排好，繞著戚風蛋糕模中間排一圈。

9 用一點白巧克力將蝴蝶結黏好。

6 剩下的粉紅色麵糰揉成一條一條，等等拿來做耳朵。

10 用食用黑色筆畫出眼睛，用翻糖或塑形巧克力（作法請見 P13）做出鼻子就可以囉！

用翻糖做鼻子時，要用一點巧克力去黏在麵包上，因為麵包會持續散發水氣，翻糖放到隔天會融化的。如果不是馬上要吃要用擠擠巧克力，或是黃色食用筆喔！

7 紅色部分揉成 3 個小球，就可以做成蝴蝶結囉！裝飾的麵糰再發 20 分鐘就送進烤箱以 150℃烤 10 分鐘。不用放進戚風烤模，直接烤就好。

無尾熊討抱抱麵包

Kaola Bread

設計這個麵包很容易，
因為我就有個一歲半的寶寶跟無尾熊一樣，從早到晚掛在我身上，
這是為她而做的麵包，結果做起來也跟她一樣可愛！
無尾熊麵包最難的地方是手與腳，
這裡的麵糰份量是為了 16 公分的戚風蛋糕模設計的喔！

難度 ★★★★☆

製作重點
- 做出中間有洞的麵包的方法
- 立體麵包的作法

材料（4 隻無尾熊）

麵糰

高筋麵粉	115g
牛奶	75g
鹽	1/2 小匙
細砂糖	1 小匙
奶油	10g
速發酵母	3/4 小匙
竹炭粉	1/4 小匙

白巧克力
竹炭粉
細義大利麵
黑色皇家糖霜（或黑巧克力）

作法

1 將溫牛奶加入酵母和糖發酵。麵粉過篩後與鹽、牛奶和竹炭粉一起揉成糰，最後再放入奶油一起揉，用兩隻手就可以搓成圓形。蓋好後，放在溫暖的地方 45 分鐘等它長大。

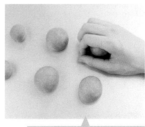

2 分成 4 個 27g 麵糰，與 4 個 10g 麵糰，分別揉成小球。

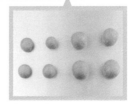

揉好後像圖示。

3 用刀在大的麵糰上切一刀，要切到一半深，烤完後手腳才會夠明顯。

4 用剪刀上下各剪兩刀，做成無尾熊的手與腳。

5 將一張錫箔紙捲成小棒狀，然後用烘焙紙包起來，這是要讓無尾熊抱抱的喔。

6 把無尾熊的四肢拉長搓細，沾一點點水，讓它牢牢抱著烘焙紙棒。

7 用牙籤戳一戳交叉的點，讓它更牢固。這很重要喔！你不希望烤完手分家吧！

8 想要成功的重點是，因為麵包是會膨脹的，中間手與腳的空隙要夠大才行，烤完才會剛好。

9 依圖示排列在戚風烤模上。

10 讓麵糰再發個5分鐘，移到內部刷了奶油的戚風烤模裡。這個烤模可以讓熊的手腳在烤的時候不會彈開。

11 用剩下的麵糰做一些小耳朵，很簡單搓成小半圓就可以了，至少要做8個。

12 做完耳朵剩下的麵糰加入一點竹炭粉搓成黑色，做出小三角鼻子。等弄完這些麵包應該也發酵的差不多，記得共要發酵20分鐘喔！將麵包送進烤箱以150℃烤10分鐘，鼻子與耳朵烤5分鐘。

13 等到涼了以後，用一點巧克力把頭跟身體黏起來（如要更固定，可以把細的義大利麵炸一下，插進去固定）。

14 耳朵也是一樣用白巧克力與義大利麵固定。鼻子用巧克力黏好。

15 用白巧克力點出眼精，再用黑巧克力（或黑色皇家糖霜）點出眼珠（巧克力紙筒 請 見 P15）。可以在熊的手臂裡塞 pocky，或起司棒也很可愛！

美人魚海洋之心麵包

Mermaid Heart Of The Ocean Pull Apart Bread

你看這個海洋之心麵包，看起來是不是很像人魚從水裡跳出來呢？！
因為我最喜歡大海，這個麵包用藍色麵糰做成海洋，
粉色與紫色的人魚尾巴，可愛的小貝殼與珊瑚礁，讓麵包更夢幻。
為了讓藍麵包是正藍色，配方沒有使用蛋喔！

難度 ★★★☆☆

製作重點

● 做出波浪狀麵包的方法
● 利用麵糰做出可愛的貝殼裝飾

材料

藍麵糰

高筋麵粉	230g
牛奶	150g
鹽	1 小匙
細砂糖	2 小匙
奶油	20g
速發酵母	1 1/2 小匙
藍梔子花粉	1/4 小匙

白色、紫色與粉紅麵糰

高筋麵粉	55g
牛奶	35g
鹽	1/4 小匙
細砂糖	1/2 小匙
速發酵母	1/3 小匙
奶油	5g

紅蘿蔔色粉（或粉紅色膏）
紫心地瓜粉（或紫色色膏）

銀色色粉
紫色與粉色食用色筆
白巧克力

作法

1. 將溫牛奶加入酵母和糖，然後與麵粉、鹽、花粉揉成糰，最後加入奶油揉成有彈性的麵糰。白色麵糰也一樣的製作方法。

2. 白色麵糰分成三等份，其中一份用紫薯粉染成紫色，另外的用紅蘿蔔粉染成粉紅色，這是拿來做人魚的。全部的麵糰用保鮮膜蓋好，放在溫暖的地方發酵45分鐘。

3. 紫色與粉色麵糰擀開，切成長三角形。

4 將藍色麵糰分成130g、70g、70g、80g、60g。用手揉成雨滴型，一邊尖一邊圓。

5. 依圖示把人魚尾巴黏上去，要壓到藍麵糰的下面，不然烤的時候可會彈開。

9. 其餘的麵糰，可以搓細捲起來做成小貝殼。

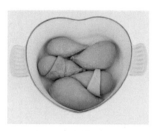

6. 依圖示排列好，最大份的麵糰在最下面，製造有點像海浪的感覺。

10. 烤的時候貼在烤盤上，才不會彈開！尾巴與貝殼都要單獨烤，再黏在麵包上才會漂亮。

7. 把白色麵糰搓細，用一點水黏在麵包上，排列成珊瑚的樣子，用竹籤插一些洞洞，讓它看起來更像珊瑚礁。

11. 麵包放置 20 分鐘等它發酵好後，送進烤箱以 150℃ 烤 12 分鐘。烤好靜置放涼後，用白巧克力把尾巴黏好，用紫色與粉色色筆畫出魚鱗。

8. 用剩下的紫色與粉色麵糰，剪成人魚的尾巴。

12. 用白巧克力把貝殼黏好，裝飾一下。

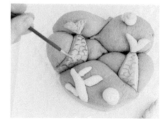

13. 最後用銀粉刷在尾巴與貝殼上，讓它更漂亮，如果有藍色或粉色的亮粉也可以用喔。

趣味棒棒糖造型蛋糕

Cake Pop

羊羊棒棒糖蛋糕

Sheep Cake Pop

這個毛茸茸的羊羊棒棒糖蛋糕，除了可愛到沒辦法吃以外，
是教你怎麼做比較複雜造型的 cakepop，
利用階段式的作法，先做身體再反過來做頭，很聰明吧！
用這種方式可以做出各種可愛的四隻腳小動物～ sky is your limit ！

難度★★★☆☆

製作重點

● 做出 **3D** 動物棒棒糖造型蛋糕的順序
● 如何做出棒棒糖蛋糕毛茸茸的感覺

材料

棒棒糖蛋糕

低筋麵粉	200g
奶油	130g
優格	100g
牛奶	100g
細砂糖	170g
蛋	2 顆
香草醬	1/2 小匙
泡打粉	1 小匙
蘇打粉	1/4 小匙

奶油霜 2 大匙（作法請見 P15）

珍珠糖（或白色小糖珠，任何看起來會
像白毛的材料都可以）
黑巧克力（或黑色皇家糖霜）
白巧克力糖衣

白色皇家糖霜（作法請見 P14）或翻糖

作法

1 先將奶油、糖、鹽混合打得白拋拋，然後加入蛋
與香草醬打勻。粉類都混合過好篩，牛奶與優格混
合，一次粉類，一次牛奶＋優格的加進去打勻，大
概分三次。剛好拌勻就好，不要拌過頭。在烤盤表
面抹一點奶油（這裡使用的是 8 吋烤模），或鋪好
烘焙紙，把蛋糕糊倒進去，送進烤箱以 170 ℃烤
30 分鐘，用牙籤插進去沒有濕濕的就 OK ！

2 如果蛋糕邊邊烤
得太硬，建議可以
先切掉。把蛋糕弄
碎，這個步驟可以
使用刨刀。

3 放入 2 大匙的奶油霜，與蛋糕整個揉在一起就完成。接下來的幾個棒棒糖蛋糕都是一樣的步驟，也可以使用別種口味的蛋糕來製作。

4 用保鮮膜將蛋糕包覆，捏出橢圓蛋糕糰。

5 先用蛋糕糰捏出 4 支小腳，接著用白巧克力黏上。

6 棒棒糖蛋糕棍沾一點白巧克力，依圖示倒插進去。放冰箱至少 2 小時固定。

7 從冰箱拿出來後反過來插在保麗龍上面，再捏出小小頭蛋糕糰，用白巧克力黏在身體上。你看！已經看起來像是羊的雛形了！

8 放在冰箱冷藏到完全固定後，拿出來退冰一下。白巧克力糖衣要融化，可是摸起來不是溫的，這樣蛋糕與巧克力的溫差不會太大，棒棒糖蛋糕外殼才不會裂開喔！

9 趁巧克力還沒乾的時候，撒上白色小糖珠或其他像毛的東西。這裡撒的是打碎的珍珠糖，用椰子粉也可以。

10 頭的部位再刷一層巧克力，再黏一層糖，多些毛看起來會更像，任何需要補強的部分都可以這樣製作。

11 臉的部分可使用黑巧克力（巧克力紙筒作法請見 P15），或是黑色皇家糖霜。耳朵則是使用白巧克力，腳的部分可以用翻糖或皇家糖霜，擠出一個小圓就可以了！

鑄鐵鍋棒棒糖蛋糕

Lc Cast Iron French Oven Cake Pop

這幾年我覺得好像沒有其他鍋子了，鍋子非得色彩繽紛，

不然拍照放上臉書好像很沒面子～

可是鑄鐵鍋煮起燉菜來真的是太銷魂了！

鑄鐵鍋棒棒糖蛋糕是送給鍋迷最好的禮物。

但可是要先告訴你，它可是跟鑄鐵鍋一樣嬌貴的不好做喔！

難度★★★☆☆

製作重點

● 用翻糖幫忙，做出有層次感的棒棒
糖蛋糕

材料

棒棒糖蛋糕原料一份（作法請見 P123）

食用金粉或銀粉
伏特加一點點
翻糖
黑色色膏
白巧克力糖衣（油性色膏）或各種顏色
的巧克力糖衣

作法

1 把蛋糕壓緊後，用花朵與愛心的餅乾模，壓出漂亮的花鍋跟愛心鍋的形狀。圓形也行喔！厚度至少 2 公分，寬度不超過 4 公分會比較像鍋子。

2 棍子上沾一點融化的巧克力慢慢旋轉插入切好的花花與愛心蛋糕裡。

3 一支支排好後放在烤盤上，接著送進冰箱冷藏至少 3 小時。

4 翻糖擀成 2mm，用大小花模或心模蓋出兩種大小。沾一點巧克力黏在蛋糕上，這樣有層次等一下做起來才會像真的鑄鐵鍋。

5 把白巧克力用巧克力色粉染成任何喜歡的鍋鍋顏色，或直接買惠爾通有顏色的巧克力糖衣，檸檬、草莓巧克力等也都能做成很漂亮的鍋子！讓棒棒糖蛋糕放室溫 10 分鐘，再浸入溫度剛剛好融化可是不熱的巧克力裡。

6 要把巧克力裹的均勻又漂亮需要技巧，記得正面漂亮比較漂亮！整支放進巧克力轉一圈，正面朝上，棍子輕輕的敲碗讓多餘的巧克力滴下來。

如果巧克力太冷太稠，或蛋糕太冰，就會裹的太厚，會看不出漂亮的漸層造型。

7 趁還沒完全乾時加個小手把。這裡使用的是惠爾通 Sprinkle，也可用染成黑色的翻糖或巧克力。銀色色粉用一點伏特加或高粱調勻刷上去，就變成比較高級要加價的鋼製把手。

8 取一些翻糖捏出半公分的小把手黏在兩邊，用水彩筆刷上一點點同色的巧克力就是把手！最後用金粉或珍珠色粉，輕輕刷在浮起來的部分會更有質感。

巫毒娃娃棒棒糖蛋糕

Voodoo Doll Cake Pop

可愛破表的巫毒娃娃棒棒糖蛋糕，
可以想像它是我們討厭的某某人，
一口咬掉它的頭，或一邊拿針插它一邊唸咒語，
可以讓心情好一點，重點是最後還有美味蛋糕吃耶～
一舉數得！

難度★★★★★

製作重點

● 棒棒糖蛋糕倒著放的造型
● 用市售餅乾做四肢的偷吃步

材料

棒棒糖蛋糕原料一份（作法請見 P123）

市售棒狀餅乾（例如 Pocky）

黑色、紅色、黃色、紫色巧克力糖衣
（或任何喜歡的巧克力色膏與白巧克力
混合）

翻糖

作法

1 先做好漂亮的球形當頭，棍子沾些融化的巧克力黏在蛋糕上。

2 捏一些小方塊的蛋糕，沾一點巧克力接在頭下。這個棒棒糖蛋糕的優點就是全部躺著做，不用站在保麗龍上面，也不用擔心會掉下來。

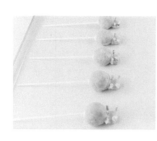

3 看到娃娃的手了嗎？可以買現成的Pocky把尾端折成小段，沾點巧克力黏上去。完成後送進冰箱冷藏，等等就要投胎成恐怖的巫毒娃娃啦！

7 接著隨意的畫，不用太拘僅。你看～各種顏色多可愛啊！

4 巧克力融化後，把退冰3分鐘的娃娃噗通丟進去！這種黑色的糖衣巧克力通常在萬聖節左右比較容易買到，如果沒有用別的顏色也可以。

8 做出各種顏色的翻糖，捏成小扣子的大小，用筆壓下去做成扣子當眼睛喔。

5 將巫毒娃娃沾勻巧克力，正面巧克力要平整，背面不平沒關係，輕輕敲落一些巧克力，讓手露出來明顯一點。將娃娃直直地坐在烘焙紙上。

9 接著把眼睛黏上去，一般來說與身體跳色會較好看。眼睛大小不同較顯可愛，像隨便拼湊的娃娃。

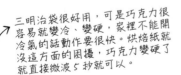

三明治袋很好用，可是巧克力很容易就變冷、變硬，家裡不能開冷氣的話動作要很快。烘焙紙就沒這方面的困擾，巧克力變硬了就直接微波5秒就可以。

10 用小擠花袋畫上被縫住不能説的嘴巴。

6 用三明治袋或烘焙紙做成的小擠花袋擠出線條（作法請見P15），讓它看起來像是用線做成的巫毒娃娃！

11 畫出眼睛的縫線，打個叉叉就行了！快用它來詛咒誰吧！或插上針送給討厭的人吧～～

蛋糕棒棒糖蛋糕

Petite Dessert Cake Pop

在構思蛋糕棒棒糖時，
就想說如果可以如其名該有多好啊～～
做成一個個療癒的小蛋糕，一口一個，
製造吃了一整個蛋糕的錯覺！結果成品真的好可愛呢！

難度★★★☆☆

製作重點

● 用糖珠、餅乾、彩糖做出可愛的小
　蛋糕

材料

棒棒糖蛋糕原料一份（作法請見P123）

糖珠
粉紅色色膏
粉紅色巧克力糖衣
黃色巧克力糖衣（可用草莓與檸檬巧
克力）
白巧克力糖衣
草莓 pocky

作法

1 先來做看起來像
切成一塊塊的三角
型蛋糕吧！使用小
圓形蛋糕模或餅乾
模，把蛋糕混糖霜
後，用杯子之類的
東西壓緊壓平。

2 壓好後切成圖示
的小蛋糕塊。

3 棒棒棍一支支沾好融化的白巧克力，並插進蛋糕塊裡。

4 在冰箱冷藏1小時以上，先沾一層淺黃色的巧克力（可用檸檬巧克力）。

5 上方與三角形的一邊各沾一層白巧克力，看起來就很像抹了一層鮮奶油喔！

6 中間的奶油霜是用彩糖做的，超簡單，拿砂糖與色膏搓一搓就可以啦！

7 依圖示在蛋糕中間刷上一層巧克力。

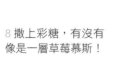

8 撒上彩糖，有沒有像是一層草莓慕斯！

9 在蛋糕上面裝飾糖珠就完成了。

糖珠真的有很多選擇～Wilton跟Twinklede lights出了很多款漂亮的珠珠，你想怎麼裝飾就怎麼裝飾喔～～

10 蛋糕捲則是使用圓形模壓出形狀，在底部沾些巧克力並插入棍子。

11 作法也跟切片蛋糕相同喔！這邊是在外面黏了一層粉紅色糖珠，中間的螺旋奶油霜跟前面塊狀蛋糕中間的粉紅奶油作法相同。

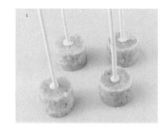

12 整顆的蛋糕，就做成厚一點的圓型。

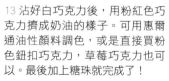

注意到成品上面還有蠟燭吧，那是用Pocky做的喔！只要在上面擠上細細的粉紅條紋就會很像。

13 沾好白巧克力後，用粉紅色巧克力擠成奶油的樣子。可用惠爾通油性顏料調色，或是直接買粉色鈕扣巧克力，草莓巧克力也可以。最後加上糖珠就完成了！

可愛
杯子蛋糕

Cup Cake

蜂巢糖杯子蛋糕

Honeycomb Toffee Cupcake

蜂巢糖就是 HONEYCOMB，吃起來脆脆甜甜帶點焦糖味，

外面再裹層巧克力更好吃！

唯一缺點是在很潮濕的地方很快就會軟掉，

所以最好在吃之前放在蛋糕上。

天然蜂蜜打成的法式奶油霜，

加上蜂巢糖與小蜜蜂，不但可愛爆表又營養滿分！

難度 ★ ★ ☆ ☆ ☆

製作重點

● 超酷蜂巢糖的作法
● 用翻糖、糖珠、白巧克力做出可愛的小蜜蜂

使用花嘴

● 1 公分直徑花嘴（或惠爾通 2A）

Tips

罌栗籽是鴉片的原料，不要太擔心，少量的吃
對人體是很有益的，如果真的不敢吃或找不到，
用 1 小匙薰衣草與一點麵粉混合也是很香的。

材料（12 個）

檸檬罌栗籽蛋糕

低筋麵粉	200g
細砂糖	200g
牛奶	100g
檸檬汁	5 大匙
兩顆檸檬的檸檬皮（建議用黃檸檬喔！）	
罌栗籽	1 大匙
沙拉油或葵花油	130g
鹽	少許
蛋	3 顆（約 165g）

蜂蜜法式奶油霜

蛋	3 顆
奶油	400g
蜂蜜	150g

裝飾

翻糖，請先用色膏染成黃色
白色小糖珠
黑色食用色筆（或黑色色膏）
白巧克力片

1 先將小蘇打粉過篩（非常重要），把糖與蜂蜜煮成焦糖色後關火。接著放入小蘇打粉，用打蛋器快速攪拌，這時糖會立馬膨脹1000倍！

如果小蘇打粉沒過篩就要花更多時間攪拌，或在糖膨脹的時候沒攪散，就會吃到一整塊的小蘇打粉，會很苦！

2 記得用大一點的鍋子！免得糖膨脹後溢出來。

3 糖膨脹後立刻倒在鋪了烘焙紙的烤盤上，放涼後就可以敲開。圖示上表面有一個個小孔跟蜂巢一樣。

4 檸檬皮先用刨刀刨得細細的，跟糖充分的搓在一起，這樣等一下才可以拌得均勻。

5 接著製作蛋糕，牛奶、蛋、檸檬汁、鹽，還有檸檬＋糖混合攪拌，麵粉、小蘇打粉過篩後加進去，打勻後加入1大匙的罌粟籽，最後拌入油。

6 在烤盤上放入紙模，將蛋糕糊倒入約八分滿，放進烤箱以160℃烤30分鐘，拿牙籤插進去沒有沾黏就是烤好囉！

7 **奶油霜製作**：蛋先用隔水加熱的方式，加入蜂蜜一起打。

一般的杯子蛋糕上的美式奶油霜，就是奶油直接加糖粉一起打，很簡單卻超級甜，用蜂蜜代替糖，又香又不死甜！

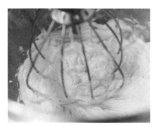

8 拿起來後放在機器裡繼續打，打到整個變成乳白色，靜置放涼後加入室溫的奶油打勻！放入裝了圓形花嘴的擠花袋。

9 將黃色翻糖捏成小橢圓，黏上兩個糖珠做眼睛（用白色翻糖也行），用黑色食用筆畫出條紋（或用筆沾上黑色食用色素）。用切碎的白巧克力（或杏仁片）當翅膀。

10 將奶油霜像蝸牛的螺旋一樣擠在蛋糕上。

11 放上蜂巢糖，滴上一點蜂蜜，再放上嗡嗡叫的小蜜蜂就可以啦～～

法式偽烤舒芙蕾

Passion Fruit And Coconut Cold Soufflé

吃早餐囉！好吧，我承認我滿喜歡惡作劇的，
明明是一樣的東西，但吃了才發現是別種東西的把戲。
你以為舒芙蕾上面放的是鮮奶油，其實是 100% 椰漿打出來的，
超健康，超極低熱量，很適合拿來當小孩子的點心！
趕快一起來做這謎樣的甜點吧～～

難度★☆☆☆☆

製作重點
- 冷藏舒芙蕾的作法
- 低卡路里的椰子鮮奶油作法

使用花嘴
- **左** 百香果 -1 公分直徑花嘴（或惠爾通 2A）
- **右** 椰子奶油 - 星形花嘴（惠爾通 17 或 18 號）

材料（3 個）

冷藏香草舒芙蕾

蛋	2 個（蛋白、蛋黃分開）
牛奶	150g
細砂糖	50g
鮮奶油	125g（打七分發）
吉利丁	2 片
香草莢	1 根

百香果蛋奶醬

百香果泥	100g
（如果用新鮮的百香果，記得要去籽）	
細砂糖	50g
奶油	140g
蛋黃	5 個

椰子鮮奶油

椰漿罐頭	1 罐
（先放在冰箱冷藏 24 小時）	
糖粉	1 大匙

1 **先來做舒芙蕾**。烤過舒芙蕾的人都知道超難烤的，烤完還要擔心會不會跟氣球一樣消風。這種冷藏過偽舒芙蕾就不用擔心技巧不好的問題！先把牛奶、蛋黃、糖與香草籽混合煮沸，拌入泡水發好的吉利丁片。放涼後再拌入鮮奶油。

2 蛋白的部分，要打得高高的，像圖示這樣硬性發泡。

3 再輕輕把蛋白拌到蛋黃糊裡。在這裡蛋白的功能跟烤的舒芙蕾一樣，能給甜點製造空氣感，才不會吃起來太膩。

4 好了之後就可以倒在杯子裡，然後冷藏。這裡使用的是 LC 小烤盅，讓舒芙蕾看起來像烤蛋，想用其他器皿也可以。

5 接下來煮百香果醬。百香果泥、糖、蛋黃混合攪拌，放在爐上用小火煮沸，然後關火，再慢慢打入奶油後，放在冷藏就會變成像蛋黃一樣黃澄澄！

水的部分千萬不要放進去一起打,奶油會分離。

6 椰漿奶油的部分更容易了!事先把要拿來打發奶油的碗放在冷凍庫裡1小時。椰漿罐頭放冰箱24小時,很平穩地拿出來不要搖晃,我們要的只是上半部凝固的白色部分。

這種奶油超極低熱量,拿來代替鮮奶油可以防止發胖,就能多吃幾塊蛋糕啦!

7 加入糖粉快速打1分鐘。千萬不要打太久,會分離的,打到很像鮮奶油就停止。

8 將椰漿奶油裝袋,用擠花嘴擠在舒芙蕾上,中間留個圓。

9 中間再擠上百香果醬就可以了!

10 可以用抹刀把蛋白部分抹平會更像烤蛋,放在冰箱裡冷藏一下就可以吃囉!

偽漢堡杯子蛋糕

Hamburger Cupcake

這是漢堡？還是蛋糕？好啦是蛋糕！長得超可愛的吧！
重點是還超好吃～這是用燒焦奶油與超濃巧克力做的杯子蛋糕，
為什麼要用燒焦奶油呢？因為比較香；
為什麼要做得像漢堡呢？因為很可愛～小朋友超喜歡，
連旁邊的薯條也是蛋糕做的唷！

難度★★☆☆☆

製作重點

● 用燒焦奶油做蛋糕的方法
● 用市售糖果做漢堡裝飾

使用花嘴

● 1 公分直徑花嘴（或惠爾通 2A）

材料（10 個）

燒焦奶油杯子蛋糕

奶油	120g
低筋麵粉	180g
小蘇打粉	1/4 小匙
鹽	少許
細砂糖	150g
蛋	2 顆
香草精	1 小匙
優格	100g

濃到爆巧克力奶油霜

100% 可可粉	15g
熱水	30g
奶油	125g
含鹽奶油	70g
苦甜巧克力	230g
糖粉	15g

市售抹茶糖果
草莓果醬
塑形巧克力（作法請見 P13）
白芝麻

1 奶油放在鍋裡煮到焦黃焦黃，過濾油裡的固態物（可留一點，這樣才會香），放到室溫放涼。

燒焦奶油可以代替幾乎所有烘焙配方的奶油，讓所有成品都更香！

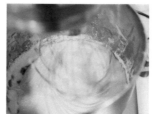

2 奶油加糖打發後，加入優格、蛋打勻，然後篩入麵粉打勻。

4 蛋糕烤好後在表面刷上薄薄的一層融化的奶油，撒上白芝麻粒，這樣才會像漢堡。

5 把可可粉與滾水混合，加入奶油、糖粉拌好後，加入融化的巧克力，就是超濃郁簡單的巧克力奶油霜。

3 用擠花袋或量杯直接擠進烤盤，大概七分滿（如果不是用不沾模，要記得抹奶油與灑麵粉）。放進烤箱以 160℃烤大概 30 分鐘。

有個需要注意的地方，就是蛋糕不能烤裂，因為這樣就不像漢堡了，所以下火不要太強，整個蛋糕一下發太多的話就會爆開！上火也不要太強，因為上面先烤熟的話，裡面的麵糊要發沒地方跑也一樣會爆炸。

如果還要做薯條，請預留一點麵糊在方形烤模烤成蛋糕。

6 將蛋糕從中間切開，把超濃郁的巧克力奶油霜像蝸牛螺旋一樣擠成圓形狀，這就是我們的偽漢堡肉。

8 至於生菜葉的部分，可發揮創意，用抹茶軟糖擀一擀就能做成菜葉的模樣。沒有的話，使用塑型巧克力也可以。

7 起司的部分，為了跟巧克力味道更搭，使用的是黃色的塑型巧克力。擀開來後切成麥當勞漢堡裡方型黃澄澄的起司片。

9 在切開的漢堡上，放上偽起司片與偽生菜，可以再加點草莓果醬充當番茄醬。

10 好吃的偽漢堡完成了！旁邊的薯條就拿之前預留的方形蛋糕，用切薯條的波浪刀切成一條條就會很像了！一旁可再放上草莓醬當沾醬。漢堡上再插根小旗子就更像囉！

要注意的是蛋糕一定要冰，因為巧克力夾心如果融化了，會被上面的蛋糕壓垮。

偽漢堡杯子蛋糕 147

蝴蝶玫瑰杯子蛋糕

Butterflies and Rose Cupcake

把旅行中看過的漂亮蝴蝶做成杯子蛋糕，
橘色蝴蝶是在加州過冬的 Monarch、藍紫色蝴蝶是亞馬遜最常見的蝴蝶。
這裡的蝴蝶是可食用的威化紙做的，放在玫瑰開心果杯子蛋糕上，
玫瑰奶油霜擠得像一朵玫瑰花，可以加入玫瑰果醬，
你說還有更夢幻的 cupcake 嗎？

材料（12 個）

開心果杯子蛋糕

低筋麵粉 ·················· 200g
奶油 ······················· 130g
優格 ······················· 100g
牛奶 ······················· 100g
細砂糖 ····················· 170g
蛋白 ························· 1 個
全蛋 ························· 1 個
杏仁酒 ····················· 1 小匙
泡打粉 ····················· 1 小匙
蘇打粉 ····················· 1/4 小匙
開心果醬 ··················· 20g
（買不到的話可省略，只是加了會更香）
開心果碎粒 ··············· 30g
（直接買市售的開心果，殼剝掉打碎即可）
鹽 ··························· 1/4 小匙

玫瑰果醬 200g（作法請見 P235）
義大利蛋白奶油霜 500g（作法請見 P21）
玫瑰水 2 大匙（可自行調整）
調色用色膏或天然色粉

難度 ★ ★ ★ ☆ ☆

製作重點

● 威化紙彩繪技巧
● 玫瑰花擠花技巧
● 爆漿杯子蛋糕的作法

使用花嘴

● 大星形花嘴（惠爾通 21 號）

蝴蝶

威化紙、食用色膏、黑色食用筆、伏特加酒

1 先來做超飄逸逼真的紙蝴蝶。這種威化紙其實就是影印照片蛋糕的紙，也可以用食用影印機，可是誰家會有啊？自己畫比較快！拿蝴蝶模用黑筆畫出外圍的形狀（沒有蝴蝶模的話，也可以打印出蝴蝶圖案，墊在威化紙下照描）。

2 食用色膏用伏特加或高粱等無色高酒精的酒把色彩調開，幫蝴蝶上色。你可以自己創造出喜歡的蝴蝶！用細的黑色筆先描邊，再上色。記得一隻蝴蝶畫一層就好，反覆上色紙會壞掉。

這種蝴蝶不適合放在鮮奶油上，太濕了會融化，所以放在硬挺的奶油霜或翻糖上比較適合喔！

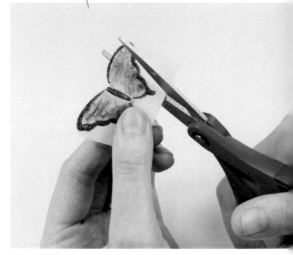

3 蝴蝶畫好後放置一天，乾了以後剪下來，威化紙蝴蝶就做好囉！

拿優格代替一半的奶油，烤出來的蛋糕超鬆軟！

4 現在來做開心果杯子蛋糕囉！麵粉與泡打粉、蘇打粉拌勻；優格、牛奶、杏仁酒混合，與粉類輪流放進奶油糊裡拌勻，最後加入開心果、開心果醬。剛剛好拌勻就可以了，不要一直打，蛋糕烤好會變硬的。

5 在烤盤上放紙模，擠入蛋糕糊，完成後送進烤箱，以 170℃ 烤 20 分鐘，用竹籤插進去沒有麵糊黏著就是烤好囉～～

7 用義大利蛋白奶油霜的配方，加入 1 大匙玫瑰水拌勻，以星形花嘴擠出來就會像朵花，不用一瓣一瓣的擠花。

↘ 擠花嘴要貼近蛋糕，擠出來的星星才會漂亮。

6 烤好的杯子蛋糕可以用小刀挖個小洞，放一點玫瑰果醬上去，再把挖起來的蛋糕蓋上去，吃起來會有爆漿的口感。

8 接著奶油霜以順時針方向擠像蝸牛螺旋一樣，慢慢的就會像一朵玫瑰花。

9 奶油霜可以用喜歡的色膏調色，最後放上蝴蝶就可以了！

↘ 這種蝴蝶拿來裝飾結婚蛋糕也很美喔！而且可以事先閒閒沒事的時候做好，烤好蛋糕咻咻咻放上去就完成啦！

小公主 PARTY 杯子蛋糕

Girls' Party Cupcake

你家裡有沒有小公主呢？或是大公主？
這種少女心噴發的 cupcake，我想沒有女生能抵抗！
因為色系是夢幻的粉紅色，
就用不可能失敗的草莓口味來做，
基本配件如包包、鞋子等，要在至少 24 小時前做好，
需足夠時間變硬定型喔！

難度 ★★★★☆

製作重點

● 用翻糖製作小配件
● 把大量新鮮草莓放在蛋糕裡烤，及放在奶油霜
　裡的方法

使用花嘴

● **左** 草莓奶油霜 - 大星形花嘴（惠爾通 21 號）
● **右** 蓬蓬裙 - 玫瑰花瓣花嘴（惠爾通 103-104）

材料（12 個）

草莓奶油霜

草莓	200g
蛋白	4 個
細砂糖	200g
奶油	350g（越白的奶油越好，推薦 Costco 的自有品牌）

草莓好多的杯子蛋糕

低筋麵粉	190g
奶油	120g
蛋（室溫）	2 個
牛奶（室溫）	150g
檸檬的皮	1 顆
泡打粉	1/2 小匙
小蘇打粉	1/2 小匙
細砂糖	200g
香草醬	1 小匙
碎草莓 15 個＋3 大匙麵粉拌勻	

裝飾

翻糖、粉色色膏、黑色色膏
黑色食用色筆、糖珠

1 **先來做草莓奶油霜**。為了確保奶油霜白白淨淨，加了草莓才能有淡淡的粉紅色，就用瑞士奶油霜來製作。瑞士奶油霜就是把蛋白與糖混合，隔水加熱打成乳白色，然後放回打蛋器上打到硬性發泡，再加入奶油的作法。

3 蛋糕的部分，碎草莓要與 3 大匙麵粉拌一拌，這是防止草莓掉到蛋糕底部的作法。

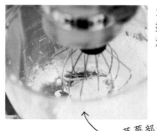

2 加入奶油打到白拋拋，再加入草莓泥就可以囉！

草莓部分切小塊煮一下，煮掉一些水分，用果汁機打成泥，靜置放涼備用。

4 奶油加糖打成白白的，加入蛋一個個打勻。粉類都過好篩混在一起，與牛奶輪流分三次加入奶油裡，最後拌入香草與檸檬皮。接著將草莓輕輕拌入蛋糕糊。

5 在烤盤上放入紙模，將蛋糕糊擠入約七分滿，放進烤箱以 165 ℃ 烤 20 分鐘。烤好後，在蛋糕上擠入草莓奶油霜。

蛋糕上的配件作法

1 先來做鞋子！看起來好像很複雜，其實只分鞋底、鞋跟與鞋上的帶子而已。擀出一片桃紅色的翻糖（翻糖與粉色色膏混合），先用紙剪出鞋底的模型，用美工刀在翻糖上割出鞋底的模樣。

2 白色鞋底，也是一樣翻糖的作法。為了讓高跟鞋有高度弧度，可放在鉛筆上定型。

3 放一天，等到鞋底夠硬了後，把鞋跟還有後面的腳踝部分做好。

4 前面的鞋帶翻糖也是一樣的作法，可以用美工刀幫鞋子修邊。

1 再來做蛋糕上的包包。用粉紅色翻糖做迷你小方塊。在上面用刀子壓出格菱紋（快餐店的塑膠刀子也很適合喔）。

2 再切一片翻糖當作包包的蓋子。

3 用牙籤一個個做出縫邊紋路。這個步驟很重要，包包才會有質感。

4 包包的手把，用黑色的翻糖做出條狀，用牙籤一樣壓出縫邊紋路。

5 這裡我用小銀珠做出壓扣，也可以用糖珠。將黑色的把手黏好，再放上糖花（作法請見小花珍珠項鍊）就大功告成！

1 可愛的小花珍珠項鍊，是最簡單的一款，誰都可以做得很出色！用小花模型壓出翻糖小花。

2 兩種顏色的小花疊在一起，中間再塞個糖珠就可以囉！

3 糖花定位後，用鑷子放上一個個糖珠就完成了！重點是這個蛋糕的奶油霜要高才會好看，在擠的時候要用星形嘴多擠幾圈喔！

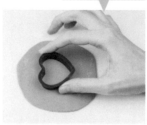

1 每個女孩都想要的澎澎裙。上衣部分用愛心模壓出心型。用刀子切掉底部。

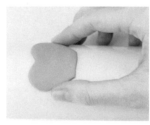

2 放在某個圓錐物體上製造弧度，例如杯子、酒瓶等。

3 用 Wilton 擠玫瑰花瓣的擠花嘴，一圈圈擠出裙子的模樣。

擠花嘴號碼 103-104 都可以。

4 插上做好的翻糖上衣，用糖珠做出腰線就完成啦！

造型
小餅乾

Themed Cookie

花圈德式小酥餅

German Spritz Wreath Cookie

從這餅乾不難看出來，我最愛的顏色是紫色！
只要在餅乾上擠上德式酥餅，
就能做出夢幻的效果，馬上幫無聊的奶油酥餅加分！
誰不希望下午茶有這樣美美的一盤呢，
好像凡爾賽玫瑰裡才會出現的食物啊！

難度 ★☆☆☆☆

製作重點

● 如何烤出不會變形的擠花餅乾

使用花嘴

● **左** 星形花嘴
● **右** 惠爾通 18、19 號

材料

巧克力或原味餅乾麵糰（作法請見巧克力草
莓牛軋糖餅 P166 及動物掛杯餅乾 P167）

德式酥餅配方

室溫奶油	110g
糖粉	60g
低筋麵粉	70g
高筋麵粉	60g
玉米粉	30g
食用色膏（藍色、粉紅色、紫色等）	
天然色粉（紫薯粉、藍梔子花粉、火龍果粉）	

Tips

那到底要怎樣才能讓擠出來的玫瑰花乖乖聽話？烤的時候不毀容不融化不膨脹，維持漂漂的造型呢？
有幾個小技巧喔！加入大量的玉米粉，可以增加入口即化的口感，你有沒有吃過只融你口超棒的牛油
酥餅？那就是加入玉米粉的效果。加入玉米粉也可以保持它的形狀，烤的時候不變形，畢竟花了那麼
多時間擠了美麗的花，進了烤箱就面目全非，真的會讓人很桑心啊！

1 餅乾麵糰做好後，上下都壓烤盤墊或烘焙紙，擀成厚度約 0.5 公分。完成後放入冷凍庫 1 小時，接著用圓形或心形壓模（或任何喜歡的模啦）壓好形狀。

2 可以用小號的模壓成空心。切好的餅乾先放進冷凍庫 1 小時，再用烤箱以 170℃烤 8 分鐘。

奶油是室溫很重要！這樣麵糰才不會很硬擠不出來喔！

3 用室溫的奶油打發糖粉，這邊可看到我用的是打餅乾的接頭，而不是打蛋的喔。打蛋的接頭會打進很多空氣，烤的時候就會膨脹，你的花就會變成一團一團的。打好後混入過篩的麵粉跟玉米粉拌勻。

你會發現擠起來滿吃力的，這是正常現象！所以也是練臂力，讓掰掰袖消失的好食譜！

4 弄好的德式酥餅麵糰加入喜歡的顏色，放進擠花袋。這裡使用的是星形嘴，不要擠太小！在烤好的餅乾上擠出一個星形，要擠得漂亮，擠花嘴要很貼近餅乾喔！

5 順時鐘轉一圈就是可愛的玫瑰了！沒關係！擠不好可以擦掉重來。

6 用各種不同顏色擠出漂亮的花圈。這邊用的是藍梔子花粉、紫薯粉與火龍果粉。放進冷凍庫冷凍半小時後，用烤箱以 165℃烤 10 分鐘即可喔！

每個烤箱溫度不同，可能要多觀察，免得花朵烤太過頭就會變色喔，玫瑰就枯萎了！

結婚蛋糕餅乾

Wedding Cake Cookie

結婚蛋糕很美但是很麻煩，
運送的時候常常心臟快停止，可是結婚蛋糕餅乾就好容易！
為了讓它看起來像是蛋糕的樣子，試驗了很多配方，
調整成烤出來比較白又鬆軟的餅乾。
糖霜部分用的是最傳統，外國老奶奶做聖誕餅乾在用的，
味道不錯～效果也美喔～～

難度 ★☆☆☆☆

製作重點
● 做出比皇家糖霜好吃的傳統糖霜
● 做出顏色白淨、形狀俐落的餅乾

材料

奶油	110g
蛋黃（室溫）	1 個
糖粉	90g
低筋麵粉	115g
高筋麵粉	70g

糖霜

糖粉	300g
果糖	3 大匙
水	3 大匙

無色香草或杏仁香料
喜歡的色膏或天然色粉
糖珠、翻糖

作法

1 奶油與糖粉打勻，加入蛋黃拌好後，再加過篩的麵粉拌成糰。記得要用打麵糰扁扁的接頭，而不是用打蛋的頭喔。如果沒有機器，這個配方用手打也很容易，只用蛋黃是為了提升酥脆感！

一般人做餅乾，都會把奶油弄成室溫，這是完全不必的喔！奶油從冷藏拿出來切小方塊就可以直接加糖打了，還省掉餅乾擀好後要冷凍很久的麻煩喔。

作法

2 麵糰上下都墊上烤盤墊，這樣可擀得比較均勻。如果不夠硬，可放進冷凍室冰 30 分鐘。

3 用 3 種不同大小的圓形餅乾模壓出形狀。一個結婚蛋糕餅乾，是由 6 片餅乾組合起來的，每個大小間隔至少要差 1 公分或更多，比例才會美。

4 像是圖示這樣大中小的概念。完成之後放入烤箱，170℃烤 12 分鐘。每個烤箱溫度都不太一樣，請多注意烤箱，不要烤的太黃了，就不像白拋拋的蛋糕囉！

5 糖霜部分則是把糖粉、水、果糖混在一起就可以啦！加入喜歡的色膏拌勻，這裡是用粉紅色的。

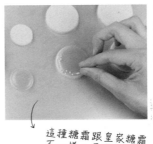

6 你看多方便！連擠花袋都不用，直接用小湯匙把糖霜抹在餅乾上就好。

7 可愛的結婚蛋糕餅乾有很多種裝飾的方法！可趁糖霜沒乾前灑上糖珠。

這種糖霜跟皇家糖霜不一樣，要比較久才會乾，請等 12 小時再疊起來喔！

8 把有糖霜的那片跟沒糖霜的餅乾，用一點點糖霜黏起來。

如果想讓餅乾更美味，中間可以用一點點檸檬餡來當夾心，檸檬的酸味會讓餅乾更好吃喔！檸檬餡的作法請見 P198。

9 把上下三層都黏好後，也可用剩下的糖霜擠一點可愛的花邊。這種珠珠形狀的就很簡單，或者黏上翻糖做的小花也行喔！

巧克力草莓牛軋糖夾心餅

Strawberry Nougat Cookie

忘記從什麼時候起，全台灣都在瘋蘇打餅夾牛軋糖。
其實牛軋糖感覺不用那麼單調，也可以夾在別的餅乾裡啊！
有一天在做草莓牛軋糖，靈機一動就夾在巧克力餅乾裡，
天啊真的好好吃啊！酸酸甜甜的。
加上草莓乾真是太完美了！

難度★★★☆☆

製作重點

● 牛軋糖的製作方法
● 烤了不變形的巧克力餅乾

材料

草莓牛軋糖

蛋白 40g＋細砂糖 10g

果糖 ·············· 70g

細砂糖 ············· 300g

草莓泥 ············· 110g

蜂蜜 ·············· 75g

草莓乾 ············· 50g

開心果碎粒 ·········· 30g

（萬歲牌那種烤好的，剝殼切碎）

不變型巧克力餅乾

奶油 ·············· 100g

低筋麵粉 ·········· 120g

高筋麵粉 ··········· 70g

細砂糖 ············· 130g

可可粉 ············· 30g

蛋 ··············· 1 個

泡打粉 ············ 1/4 小匙

裝飾：乾燥草莓

作法

1 草莓泥＋糖＋果糖一起煮，目標是 135 度！時不時的用刷子刷鍋邊，可以避免旁邊燒焦唷！也要記得攪拌，免得底部燒焦了。另一邊打蛋器裡把蛋白跟 10g 的糖打發。

蜂蜜則拿另外一個鍋子煮到滾，緩緩倒入蛋白一起打（倒入的時候，打蛋器速度要調慢，不然糖漿會潑得到處都是。

2 草莓泥＋糖煮到135度後，緩緩倒入打發的蛋白。

3 打到比較涼後，換成這種打麵糰的扁平的接頭，然後快涼的時候倒入切碎的草莓乾。

4 再混入開心果碎粒就可以啦。

5 在容器底部灑上一層防潮糖粉，把牛軋糖放進去，我先提醒你會很黏很黏喔～要有耐心。然後就輕輕蓋好等它變涼。

餅乾我是壓成這種形狀的，上面的部分有愛心的鏤空，這樣牛軋糖才會露出來很可愛！

6 **巧克力餅乾**：奶油與糖一起打發後，拌入蛋、鹽，麵粉與可可粉、泡打粉一起過篩，全部混在一起即可。在烤盤紙上擀平，放入冷凍庫冰 20 分鐘，拿出來用餅乾模壓型就可以囉！送入烤箱以 170℃ 烤 10 分鐘。這個配方特地把餅乾做硬一點，夾牛軋糖的時候才比較好夾。

7 像這樣把牛軋糖放在中間。

8 輕輕的上下壓緊！不要把餅乾壓壞了啊！

9 上面最後我撒上乾燥草莓。其實用糖珠或草莓乾之類的東西也很好。

森林小動物掛耳餅乾

Animal Mug Toppers Cookie

這是由樹懶、小兔子、棕熊、獅子、狐狸、猴子、無尾熊與無尾熊小貝比，
還有貓熊舉辦，跨越南美洲、非洲、亞洲、美洲及澳洲的動物派對！
其實善用手邊的小工具，幾個圓形的普通餅乾模，
就可以變化出很多漂亮的餅乾啦！

難度★★★☆☆

製作重點

● 如何不用餅乾模就可以做出可愛小餅乾
● 如何讓餅乾牢牢掛在杯子上

材料（約 50 隻）

香草餅乾

奶油	100g
細砂糖	100g
蛋（室溫）	1 個
低筋麵粉	200g
高筋麵粉	20g
玉米粉	35g
香草精	1/4 小匙
鹽	1/4 小匙

巧克力餅乾（作法請見 P166）

翻糖、竹炭粉或黑色皇家糖霜

作法

1 **香草餅乾**：奶油加糖、鹽慢慢打發，變白後加入蛋與香草，不要打太久，避免把空氣打進去，不然烤的時候會膨脹喔，動物會變肥，記得要用打麵糰這種扁扁的接頭。拌勻後加入過篩的麵粉與玉米粉，剛剛好拌好即可。

這個餅乾需要堅硬一點的麵糰，畢竟要掛在杯子上，要不容易碎裂啊～不然小動物一放上去就分屍了。所以加入比例較多的玉米粉，可以讓形狀保持得比較好，烤的時候也不容易變形。

2 用一個直徑大約4、5公分的圓形模壓餅乾，先壓出一個個圓形。

3 然後壓出月亮一樣的形狀。

4 用小的圓形模，壓出一個凹槽，待會可用來放頭的。

5 用同樣的壓模壓出頭的形狀，並且跟身體組合起來。

6 用圓形模壓一壓就能做出可愛的耳朵啦！鼻子部分，用餅乾糰捏一個小圓球，稍微壓一下就可以了。你看這是小兔子喔～～

7 這隻是樹懶喔！是用巧克力麵糰做的。用個小一點的擠花嘴壓一下頭的中間。把中間的餅乾糰拿出來。

8 再換成香草麵糰就做出可愛的臉啦。樹懶的眼睛用一點巧克力麵糰去做就可以囉！

9 等到麵糰有點軟了，把前腳的地方弄成鉤子的感覺，不然會掛不上去。如果不確定角度，可以先烤一個掛掛看再繼續做。

請多注意烤箱不要烤得太焦。如果餅乾放涼後還是軟軟就要再烤一下，免得放在杯子上時碎掉喔。

10 發揮想像力！黑白兩種麵糰就可以做出好多組合喔！動物做好後放冷凍庫冰30分鐘（烤起來會更漂亮）。接著放入烤箱以170℃烤10分鐘就可以啦！最後用一點翻糖或皇家糖霜做出眼睛等細節，或是拿一點麵糰加一點竹炭粉做成黑色麵糰，也可以拿來做眼睛跟鼻子。
恭喜你！終於擁有自己的動物園啦！！！

Baby 派對糖霜餅乾

Baby Showe Rroyal Icing Cookie

只要學會基礎的糖霜，要自己做一套糖霜餅乾真的很容易！
可愛的 BABY 們只要一個圓形餅乾模就可以做了，
要做包屁衣不需要特別壓模。
想做收涎餅乾也只要在烤之前拿個小擠花嘴打兩個洞，
糖霜繞著洞來填就可以了！

難度★★★☆☆

製作重點
- 不用餅乾模也可以做出可愛的包屁衣餅乾
- 皇家糖霜的製作技巧

使用花嘴
- **左** 惠爾通 3 或 4 號
- **右** 惠爾通 1 或 2 號

材料

餅乾麵糰一份（作法請見 P167）

皇家糖霜

細糖粉（最好用糖霜餅乾專用糖粉）450g
蛋白粉 ……………………… 25g
（惠爾通的就很好用了）
溫水 ……………………… 6 大匙
色膏：黑色、銅色（做膚色）、粉紅色
食用黑色色筆、粉色色粉

1 需要一個大約 5 公分、7 公分的圓型餅乾模。用小的圓形模，在上面蓋一個凹槽。

2 切成圖示這樣的形狀。

3 下面再切出兩個凹槽～這是包屁衣屁屁的部分。

4 用刀這樣切出兩條直線。

5 再裁斷袖子部分就可以啦！

6 圓型是做可愛寶寶的臉。除了衣服以外，我用剩下的麵糰做了愛心，讓整體更豐富。送入烤箱以 170℃烤 10～ 12 分鐘，維持白白的顏色比較美喔！

7 皇家糖霜超簡單的啦！糖粉過篩後，加蛋白粉與水用中速打個大約 5 分鐘，到這個雪白的狀態，打成擠花可以很清楚的擠出來。如果打不出這個狀態，就一次加半小匙的水調整軟硬度。

8 要調出硬與軟的糖霜。硬的糖霜基本上是打好後直接加入色膏去調色。硬的糖霜是要用來描邊線與寫字的。

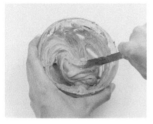

9 拿出一半的粉色硬糖霜，慢慢的一滴滴的加入水，調成滑順的狀態。糖霜要濃，可是又會融合，我們稱這個為 20 秒糖霜，就是 20 秒即會光滑無痕的意思。

10 好啦！所有糖霜都弄好了。由左到右是黑色硬糖霜、做眼睛的膚色軟糖霜、做臉的粉色軟糖霜、粉色硬糖霜、白色軟糖霜、白色硬糖霜。

硬的糖霜是 1 號擠花嘴、軟的糖霜則是 3 號。軟的糖霜擠花嘴不能太小，不然會擠很久才填得滿整片餅乾喔。

11 先用硬的粉色擠花嘴描出半圓形帽子的邊。

12 用 20 秒軟的糖霜填滿～

13 用牙籤把細節的部分弄漂亮。牙籤只要輕輕畫圈圈，就可以弄的很平滑！如果糖霜沒有這樣變成光滑一片，那就表示水加不夠多喔！

14 等 1 小時讓帽子先變硬了，再擠臉。這裡沒有做硬的膚色，而是直接用牙籤小心地弄好。如果想要用硬的膚色糖霜先描邊也是可以的喔！

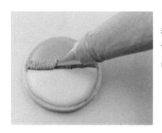

15 等到臉與帽子都硬了，用硬的粉色糖霜上上下下擠出帽子的花邊。

16 等到全部都乾了（最好風乾6小時以上），再用黑色的硬糖霜擠眼睛（也可以用黑色食用色筆代替）。

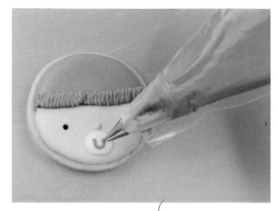

17 點出小鼻子，奶嘴的部分是用白色軟糖霜擠出個圓，再用粉色硬糖霜擠出細節喔！

為了讓 Baby 更可愛，我有在臉頰上用刷子刷一些粉紅食用色粉。

18 帽子也可以做成圖示這種造型。趁底色還沒乾的時候，擠上幾點軟的糖霜，就可以做出圓點點的效果，很可愛吧～

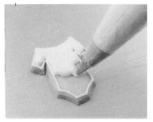

19 衣服的部分也是一樣，先用硬的糖霜擠外圍，再用軟的填內，用牙籤把糖霜整理好。

20 可以加上愛心或字，或加個花邊也很可愛喲～～

21 趁底還沒乾的時候擠上軟糖霜的條紋，也很可愛喲！多加幾個愛心餅乾或小腳印，這樣一套餅乾會更繽紛～

美得冒泡
泡芙

Cream Puff

小精靈 Saint Honoré 泡芙塔

Coal Ball Fairies Saint Honoré

你看小精靈都躲在草叢裡玩了！

抹茶＋紅豆＋泡芙，這個 Saint Honoré 是不是改良的超棒！

小精靈的黑色是用竹炭粉與芝麻粉調色，

外酥內軟，搭配小山園抹茶奶餡，一推出保證被搶食一空！

難度 ★ ★ ★ ☆ ☆

製作重點

- 如何做竹炭小泡芙
- 抹茶奶油餡的作法

使用花嘴

- **左** 大葉子花嘴 - 惠爾通 366
- **右** 星形花嘴（惠爾通 17 或 18 號）

材料

抹茶穆斯林奶餡

牛奶	450g
細砂糖	100g
低筋麵粉	2 大匙
玉米粉	3 大匙
鹽	少許
抹茶粉	2 大匙
（要用日本的才會是翠綠色）	
蛋黃	2 個
奶油	30g
吉利丁	2 片
鮮奶油	200g
（打七分發還會流動的狀態）	

奶油酥餅

奶油	80g
細砂糖	35g
糖粉	10g
低筋麵粉	80g
高筋麵粉	20g
鹽	少許
蛋黃	1 個

芝麻竹炭小泡芙

泡芙

牛奶	125g
水	125g
鹽	5g
細砂糖	10g
高筋麵粉	140g
蛋	4 顆
奶油	110g
竹炭粉	2 小匙

餅乾麵糰

奶油	100g
細砂糖	125g
芝麻粉	20g
竹炭粉	2 小匙
低筋麵粉	125g

裝飾

眼睛：塑形巧克力（作法請見 P13）
或翻糖
黑色食用色筆

七分發的鮮奶油就是還有流動性的鮮奶油，而不是硬到可以擠花的鮮奶油。這部分要先做好備著。

1 **抹茶奶油餡製作**：把蛋黃、糖、牛奶，與過篩的抹茶粉、麵粉和玉米粉打均勻後一起煮到滾。接著放入奶油與發好的吉利丁，攪到吉利丁化掉後，上面蓋一層保鮮膜放在室溫變涼。涼了之後再拌勻，然後混入打了七分發的鮮奶油就可以冷藏。

找都是直接放在塔模裡烤，這樣會是漂亮的圓形。

2 **奶油酥餅**是一種非常鬆，入口即化的餅乾，所以麵糰會很軟。奶油跟糖打發後，加入蛋一起拌勻，再拌入麵粉與鹽。接著將麵糰放在兩張烘焙紙間擀成圓形，用圓形塔模蓋出漂亮的圓型，其他多餘的地方修掉。完成後放進冰箱冷凍 20 分鐘再烤。烤之前把沒用到的蛋白輕輕刷在表面，烤好後會更金黃漂亮！送進烤箱以 180℃烤大約 20 分鐘到金黃色。

3 泡芙製作方法請見 P182。這裡唯一不同只是加了竹炭粉。依圖示擠出一個個比 10 元硬幣小一點的泡芙。

4 把奶油與糖加在一起打發，混入竹炭粉、芝麻粉、麵粉、鹽。接著將麵糰擀開成 2mm 的薄片，送進冰箱冷凍 20 分鐘到硬硬的程度，就可以蓋成一個個小圓，這裡是使用擠花嘴。

5 黑色餅乾麵糰的圓要比泡芙小一點，依圖示一個個放在泡芙上。

6 開始組裝囉！把蜜紅豆放在餅乾上，記得組裝好的塔會很容易碎掉，組裝前要在餅乾下先放蛋糕底版、厚紙板或盤子。

7 眼睛部分可用翻糖，或塑形巧克力，直接用白巧克力擠出來也可以。眼珠則是用食用黑色筆點出來，也可用巧克力取代。完成後用一點白巧克力將眼睛黏在小精靈上。

8 用星形花嘴把抹茶餡擠在小精靈裡（作法請見P183）。用一點白巧克力將小精靈黏在餅乾上，並且圍成一圈。

9 接下來要擠葉子的部分，這裡使用的是兩邊尖尖的擠花嘴，擠出來比較厚，葉子尖尖也較顯可愛。

10 從上到下的方式擠出葉子，每個小精靈中間也要擠葉子，讓他們好好的在草中捉迷藏。可放上用巧克力做的小花會更可愛！把巧克力溶化後抹平，趁沒乾前拿餅乾模蓋出小花就行了。

因為抹茶餡水分很多，不要用翻糖來做花，會融化喔！

愛心彩色小泡芙

Mini choux with colored heart sablé

你一定覺得泡芙都長得差不多，

那這些與精品一樣的可愛泡芙會顛覆你的想像！

只要用天然色粉就可以做出五彩繽紛的漂亮泡芙。

泡芙上面放了小巧的餅乾麵糰，烤起來又脆又香，薄到爆炸，

裡面的餡比一般卡士達香濃一百倍，

吃過百貨公司地下街賣的泡芙再也不會多看一眼，I guarantee it ！

難度 ★★☆☆☆

製作重點
● 如何做出蓬鬆的彩色餅乾泡芙

使用花嘴
● **左** 1 公分直徑花嘴（或惠爾通 2A）
● **右** 星形花嘴（惠爾通 17 或 18 號）

材料（60 個）

餅乾麵糰

細砂糖	125g
奶油	100g
低筋麵粉	125g
喜歡的色膏或天然色粉	

泡芙麵糰（這是兩個烤盤的量，可減半）

牛奶	125g
水	125g
鹽	5g
細砂糖	10g
高筋麵粉	140g
蛋	4 顆
奶油	110g

超濃卡士達

低筋麵粉	20g
玉米粉	20g
鹽	少許
細砂糖	70g
蛋黃	4 個
奶油	140g
牛奶	500g
香草莢	1 根

1 **先來做五顏六色的餅乾麵糰吧！**奶油加糖打勻，拌入麵粉揉成糰就可以了，只要 2 分鐘就能做好。接著加入喜歡的色膏或天然色粉，每個顏色分開，這裡使用甜菜根粉、梔子花粉、紫薯粉、南瓜粉、火龍果粉。在烤盤墊上把每個餅乾麵糰擀開到 2mm 左右，放進冰箱冷凍。

2 **接著製作泡芙麵糰。**牛奶、水、奶油、糖、鹽混合一起煮滾，接著把過篩的麵粉一次倒進去。

3 火轉小，煮到麵糰表面光滑，鍋子上黏了一層薄薄的膜。

4 把滾燙的麵糰放進打蛋機開始低速攪拌，3 分鐘後沒那麼熱就開始把蛋一顆顆放進去打，要一顆打勻了再放下一顆喔！

5 打到又涼又光滑，像圖示的狀態即可，不要打的太過頭，麵糰也會分解的喔！

6 擠出 50 元硬幣大小。擠好後如果還不想馬上烤，可以整盤放進冰箱冷凍，要烤的時候直接烤很方便！

7 取圓形模或夠大的擠花嘴，在五彩餅乾麵糰上蓋出跟泡芙差不多大小的圓形。

8 可以用心形模與圓形模做出各種造型。

9 將各種造型的餅乾麵糰一個個放在泡芙上,你看泡芙馬上變得好美!接著放進烤箱以180℃烤10分鐘,然後轉到160℃烤15分鐘。

如果烤不夠透就拿出來,泡芙會扁掉,可是如果烤太過,顏色又會焦掉。每個烤箱溫度都不太一樣,一定要自己實驗喔!

10 **現在做超濃的卡士達醬**,其實就是 Mousseline Cream 的作法:卡士達加更多罪惡的奶油。牛奶與香草籽混合一起煮,蛋和糖混合打勻,把一半加熱過的牛奶倒進去與蛋一起拌勻,然後加玉米粉攪拌好,再全部混合倒回鍋子煮到滾,並滾 30 秒。火關掉,拌進奶油打勻,放進冰箱冷藏。

11 用小的星形花嘴在泡芙底部戳個洞,把冷卻的卡士達擠進去,要感覺到沈甸甸的才行。

泡芙烤好後可以戳好洞放進冰箱冷凍,要吃的時候再烤一下,冷卻後擠卡士達餡就可以了!很多蛋糕店都是這樣做的喔!

龍貓立體泡芙

3D Totoro Cream Puffs

你是不是沒想過泡芙也能做成小動物？
在日本有賣著可愛爆表的龍貓泡芙，
一隻隻完美的龍貓是用特別的模烤出來的，而且都是站著的！超可愛！
我們沒有特別開版的龍貓泡芙模，沒關係手作也可以！
做出來跟日本一樣 Kawaii ！

難度★★★★☆

製作重點
- 如何做出會站的龍貓
- 如何做出有四肢的動物泡芙

使用花嘴
- **左** 1 公分直徑花嘴（或惠爾通 2A）
- **中** 0.5 公分直徑花嘴（惠爾通 10 號）
- **右** 擠泡芙餡 - 星形花嘴（或惠爾通 17 或 18 號）

材料

餅乾麵糰與泡芙麵糰一份（作法請見 P182）

竹炭粉 ⋯⋯⋯⋯⋯⋯⋯⋯ 2 小匙

蝶豆花粉或藍色色膏
白色翻糖、黑色色素筆
防潮糖粉

超濃卡士達醬（作法請見 P183）

1 取一個方形蛋糕烤盤，在四周與底部刷上奶油，這樣龍貓才不會黏在上面。在底部鋪上烘焙紙。

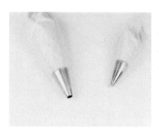

2 將泡芙麵糰分兩個擠花袋裝，用大小兩個圓形擠花嘴進行。

3 依圖示先擠出頭部。

4 再擠出胖胖的身體。烤的時候底部會貼著烤盤直角，讓龍貓烤好後可以站著！

5 用小的擠花嘴擠出耳朵。

6 再擠出小手。

7 用竹炭粉染出灰色餅乾麵糰，用藍色色膏做好藍龍貓的顏色，放在烤盤墊上擀平後放進冰箱冷凍 20 分鐘。完成後利用圓形餅乾壓模與手，發揮創意幫龍貓蓋上餅乾麵糰。

有些部分灰色與藍色不平均是正常現象，如果很嚴重讓龍貓看起來像被毀容，沒關係，用剩下的餅乾麵糰把裂痕補一補，再烤 5 分鐘就可以了。

9 用翻糖揉出小圓眼睛，再用食用黑筆點出眼神，用黑色翻糖做鼻子。

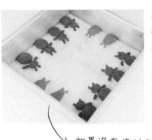

8 依圖示把龍貓這樣覆蓋住！一定要蓋完全，這樣烤好才不會變成花貓。送進烤箱以 180℃ 烤 20 分鐘，再用 160℃ 烤 10 分鐘。

如果沒有烤到完全好，拿出來是會扁掉的喔！每個烤箱不同，一定要用自己的烤箱做實驗。

10 肚子的部分可以用紙剪出半圓狀，肚子毛的地方用三角形剪紙遮起來，撒上防潮糖粉。

11 最後用星形擠花嘴擠入超濃卡士達餡，就完成囉～～

黑醋栗檸檬泡芙塔

Choux With Casis Mousse And Lemon Curd

什麼？泡芙也能拿來作塔？只要把泡芙切開一點，
就變成最可愛的圓圓胖塔皮！
可以看到裡面繽紛的雙色內餡，紫色與黃色又是那麼的搭，
這個配方用的是黑醋栗慕斯與檸檬奶油的結合，
同樣偏酸的水果搭在一起卻意外的清爽有層次～～

難度★★☆☆☆

製作重點

● 最適合做泡芙塔的配方

使用花嘴

● 1 公分直徑花嘴（或惠爾通 2A）

材料（10 個）

泡芙麵糰（作法請見 P182）

牛奶	60g
水	65g
鹽	3g
細砂糖	5g
高筋麵粉	70g
蛋	2 顆
奶油	55g

餅乾麵糰（作法請見 P182）

低筋麵粉	125g
細砂糖	125g
奶油	100g

黑醋栗慕斯

黑醋栗泥	200g
（材料行有賣冷凍盒裝，這裡用的是保虹）	
細砂糖	100g
吉利丁	2 片
鮮奶油	200g

檸檬奶油餡（作法請見 P198）

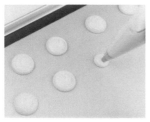

1 在烤盤墊上擠出一個個大約 6 公分的圓形，也可以使用烘焙紙。

2 把餅乾麵糰擀到約 2mm，放冰箱冷凍變硬後，壓出跟泡芙糊一樣大的圓形，放在泡芙上。接著用烤箱以 180℃烤 15 分鐘，再用 160℃烤 15 分鐘，靜置放涼。

如果希望餅乾麵糰包覆到底部，餅乾麵糰可比泡芙更大。例如泡芙 6 公分，餅乾麵糰可以做到 7 公分，記得厚度很重要！一定要夠薄，不然切泡芙時餅乾就會掉下來。

3 把泡芙的頂部切掉，整理一下邊緣，弄成可愛的小碗狀。

4 現在要來做黑醋栗慕斯。跟草莓慕斯夏洛特一樣，先把黑醋栗泥與糖混合加熱，放入發好的吉利丁片。因為是要填入泡芙裡，所以慕斯餡偏軟，有爆漿的口感。

5 等黑醋栗泥冷卻後（一定要完全冷卻），先拌入 1/3 打了七分發的鮮奶油。然後再拌入剩下的鮮奶油打成漂亮的紫色慕斯，並且裝袋。

6 將紫色慕斯填入八分滿，再填入檸檬餡，弄成表面雙色的效果。最後裝飾一下！這裡是用食用花與黃色愛心馬林糖（作法請見 P228），也可使用莓果類、巧克力，或檸檬片也不錯！

檸檬餡因為更酸，強烈建議跟慕斯餡 4:1 比例較為理想。

餅乾麵糰對泡芙的影響

泡芙看起來簡單，對很多廚師來說，卻跟馬卡龍一樣是難纏的甜點，因為一點點差別都會影響成品。烤出泡芙來很容易，可是要烤出每個大小一樣不龜裂，發的漂漂亮亮、軟硬適中的泡芙，還真的是超難！而且泡芙跟馬卡龍一樣很容易被烤箱影響，每台烤箱烤出來都不一樣。

餅乾麵糰應該是日本流傳到法國，基本上跟菠蘿麵包的原理一樣，神奇的是餅乾麵糰一放上去，悶住氣孔反而能讓泡芙發的更大、更輕盈漂亮！圖示左右泡芙一比較就知道，放上餅乾的泡芙頭型就變得又圓又可愛，沒有爆裂，重點是加了餅乾，泡芙變得喀滋喀滋又脆又香，就算單吃不加餡也超美味！

餅乾麵糰的配方可以隨意調整，白糖換成紅糖也很棒；高筋、低筋麵粉都可以，不同的是低筋麵粉調出來的餅乾麵糰烤起來顏色較淡，泡芙發得也較高！這就是為什麼此配方用的是低筋麵粉的原因。

塔類與
甜甜圈

Tarts & Doughnuts

北極熊生乳酪塔

Polar Bear Blue Pea Flowers Cheese Tart

我一直很關心北極熊的生態，
全球暖化後牠們到底要去哪裡呢？真的讓人很心疼～～
用一點蝶豆花，調出天然美麗的藍色起司餡，
北極熊則是用鮮奶油就可以輕鬆的擠出來，
希望所有的北極熊都能這樣快快樂樂生活在很冷很冷的地方。

難度 ★☆☆☆☆

● 如何用蝶豆花幫點心入色
● 如何防止塔皮軟掉

使用花嘴

● **左** 北極熊頭 -1 公分直徑花嘴（或惠
　爾通 2A）
● **右** 耳朵 & 鼻子 -0.5 公分直徑花嘴

材料（5 個 10 公分小塔）

小塔皮

低筋麵粉	200g
糖粉	60g
鹽	少許
奶油	130g
蛋黃	2 個

刷塔皮內側

白巧克力 30g ＋可可奶油 30g（融化）

蝶豆花乳酪餡

蝶豆花	10 朵
牛奶	25g

鮮奶油	100g
奶油起司	120g
吉利丁片	1 片
細砂糖	50g

藍莓果醬 60g（作法請見 P235）

北極熊

鮮奶油	200g
細砂糖	10g
黑巧克力（融化）	
防潮糖粉	

1 **現在來做脆脆的塔皮。**麵粉、糖、鹽混合過篩，冷奶油切成小方塊，用手把麵粉與冷奶油搓在一起，然後揉成麵糰。

2 將麵糰擀開後用保鮮膜包好放冰箱，一方面好操作，一方面可以鬆弛麵糰，等一下烤好才不會縮水。

3 塔皮麵糰擀開後，切掉多餘的四角，整個放進 10 公分的塔模（塔模要先塗一層奶油，等一下才好脫膜），沿著四周用兩個拇指壓緊底部，把多的部分往上擠出來再用刀子切掉。接著用叉子在麵糰上插出一些小洞後，放進冰箱冷凍 30 分鐘，完成後送入烤箱以 150℃烤 20 分鐘。

我知道很多食譜書都提及烤塔皮時在裡面放豆子，可是在專業廚房大家都很忙，真的沒有人有空放什麼豆子，塔皮也都好好的啊！如果塔皮底部有點浮起來，可以拿叉子把它輕輕的壓下去。

4 秘訣來啦！如果你弄的凹凸不平也沒關係，這是補救方法！用削水果皮刀沿著塔皮周圍把不均勻的部分刮掉，可以大大的提昇質感。

5 如果有平整的篩網，很適合拿來磨塔的上面表層，可以光滑的像是名店的塔。

6 做好的塔皮用融化的白巧克力＋可可脂刷過（這個步驟可以省略），塔皮能維持酥脆久一點。在店裡都是這樣做的唷！

白巧克力＋可可脂混合的作法，是讓口感不會過甜。

7 蝶豆花與牛奶一起混合加熱，浸泡 3 小時，會變得非常藍。

8 把藍色的牛奶稍微微波到一點溫溫的就好，小心不要過熱，量那麼少很容易燒乾的。吉利丁泡冰水 2 分鐘，把水擠乾與藍牛奶混合在一起。

12 鮮奶油加糖打到能漂亮擠花的發泡鮮奶油後，裝袋用大一點的圓形擠花嘴擠出北極熊的頭。這裡的小塔直徑約 10 公分，熊熊的頭約 2.5 公分，原則上想做多大的熊都可以。

9 接下來將鮮奶油打到七分發，奶油起司也打勻，兩個混在一起後，再與加了吉利丁的藍牛奶混勻。哇～顏色好美喔～

13 用小一點的圓形擠花嘴擠出 3 個小球，分別是耳朵與鼻子。用大的擠花嘴擠出肚子圓球，再用小的圓形擠花嘴擠出 4 個小腳掌。

10 在塔皮上擠進一點藍莓果醬。任何果醬都可以，這裡使用藍莓會與整體比較搭配。

14 用一點融化的黑巧克力點出眼睛、鼻子與可愛的腳掌。哇～北極熊在游泳耶！

11 把藍色起司糊倒進塔皮，接著把塔放進冰箱冷藏 5 小時以上到凝固，就可以來放可愛的北極熊囉！

15 在塔的邊邊灑上防潮糖粉，因為我們要確保牠在很冷的地方生活喔！

月亮檸檬藍莓塔

Moon Shaped Blueberry Lemon Tart

檸檬跟藍莓是絕配這你知道嗎？
可是藍莓醬要怎麼美美的放到檸檬塔裡，讓我頭痛了好一陣子，
靈機一動就做出了這個月亮檸檬藍莓塔。有種繪本的感覺。
還有可愛的雲朵與小星星，當睡前甜點好適合！

難度★★☆☆☆

製作重點

● 製作超酥脆的塔皮
● 做超滑順酸溜的檸檬餡

使用花嘴

● **左** 鮮奶油 - 星形花嘴（或惠爾通 18 號）
● **右** 檸檬餡 -1 公分直徑花嘴（或惠爾通 2A）

材料（6 個 10 公分左右小塔模）

檸檬餡

檸檬汁	120g	（建議黃檸檬）
檸檬皮	半個	（建議黃檸檬）
細砂糖	120g	
蛋	3 顆	
無鹽奶油	240g	
吉利丁	半片	

超酥脆塔皮（作法請見 P194）

低筋麵粉	200g
糖粉	60g
鹽	少許
奶油	130g
蛋黃	2 個

藍莓果醬（作法請見 P235）

黑色色膏（或黑巧克力）
黃色小星星彩糖（可用黃色翻糖）
發泡鮮奶油少許

1 **檸檬餡製作**：檸檬汁、糖、全蛋一起放進鍋子混合攪拌，煮到滾，並滾20秒。

> 我知道很多人說煮這種類似蛋奶醬的東西要隔水加熱，可是真的不必，德國人都是直接混在一起煮！

2 煮好後從爐火上拿下來，把奶油放進去攪到融化，將刨好的檸檬皮、吉利丁擠乾後放進去，最好再用果汁機或調理機打一打。完成後放進冰箱冷藏4小時。

3 家裡有沒有這種廚房紙巾筒？如果有的話拿麵包刀把它鋸成一小段。

4 一小段的廚房紙巾筒可以用來製造出半月型（也可用圓型模代替）。塔皮完成後，將檸檬餡填入半月型，就可放進冰箱冷凍一會兒到硬的程度。

5 拿掉紙模後，另一半月型填到2/3滿，再放回冰箱冷凍15分鐘。

6 將藍莓醬裝袋，把月亮以外的地方填滿，做成夜空的樣子。

7 用牙籤沾黑色食用色膏，做出可愛的翹睫毛、眼睛與嘴巴。

8 將發泡鮮奶油裝袋，用星形花嘴擠出可愛的小雲朵。夜空部分再用黃色小星星彩糖做出可愛的星空。如果沒有這種彩糖，用黃色翻糖也可以，或是用黃色奶油及星形小擠花嘴擠出星星形狀。

蘋果玫瑰塔

Rose Bouquet Apple Custard Tart

蘋果玫瑰塔使用了蝶豆花、火龍果粉、南瓜粉調色，
蝶豆花最雙重人格了，只要加點檸檬汁就會變成漂亮的紫色，
紫玫瑰與藍玫瑰都超美！
最好選擇果肉白一點的蘋果，卡士達裡加了一點荔枝酒，
配上蘋果真是超級好吃～～

難度★★★☆☆

製作重點

● 各種天然色粉幫蘋果花染色的技巧
● 防止蘋果變黃的技巧

使用花嘴

● 1 公分直徑花嘴（或惠爾通 2A）

材料

蘋果	2 顆

藍玫瑰

蝶豆花	20 朵
水	150g
鹽	1/4 小匙

紫玫瑰

蝶豆花	20 朵
水	150g
檸檬汁	1 1/2 小匙

黃玫瑰

南瓜粉	3g
水	150g
檸檬汁	1 1/2 小匙

粉紅玫瑰

火龍果粉	3g
水	150g
檸檬汁	1 1/2 小匙

塔皮

麵粉	250g
奶油	150g
蛋	1 顆
細砂糖	100g

刷塔皮內側

可可奶油	30g
白巧克力	30g

卡士達醬（作法請見 P183）

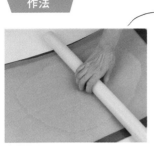

這個配方跟月亮檸檬塔不一樣，用的是全蛋，比較沒那麼酥，可是會比較緊實一點。

1 **先來烤塔皮吧！** 奶油與糖混合打勻後，加入室溫的蛋，拌好後與麵粉混成麵糰。烤盤墊或烘焙紙上灑些麵粉，上面再墊一片烤盤墊或保鮮膜即可輕鬆擀平，放到冰箱冷藏變硬一點後就開始做塔囉！

記得要先在模具上刷一層奶油，不然可能等等烤完會拿不下來。

2 這裡使用的是 8 吋的方形塔模，基本上什麼模型都可以。依圖示沿著模型邊邊壓緊，用刀子切掉上面多餘的部分，最後一次再以拇指壓一圈確保緊緊貼著烤模。塔皮上用叉子叉出一些小孔，我習慣把塔皮放進冰箱冷凍 10 分鐘再進烤箱烤，以 175℃ 烤大約 30 分鐘到變成漂亮的金黃色。

3 因為在塔皮上有戳了小孔，烤的時候不需要在上面壓東西。可可奶油與白巧克力融化後，用刷子刷在塔皮上。這樣可以避免塔一下子就被卡士達弄軟掉，這樣做的口感可以保持得久一點。

4 **現在煮卡士達啦！** 牛奶先與玉米粉打勻，再加入糖與蛋，一起在爐子上煮到滾，滾 30 秒就行了。混入奶油，冷藏後再把荔枝酒拌進去。

1. 卡士達的訣竅是，1 公斤的卡士達滾 1 分鐘，因為這裡還不到半公斤，所以滾 30 秒就好。
2. 如果煮好後有小顆粒或蛋不小心煮太熟，就拿果汁機打一打就好。

5 接著調色。記得蝶豆花的藍色與紫色要加熱才會顯色喔！蝶豆花的藍只要加一點檸檬汁就會因為酸鹼關係變紫，很神奇！

蘋果玫瑰花的訣竅就是蘋果一與空氣接觸就會變得髒髒的，一黃就像枯萎一樣，看了心情就很 down。大多數人會用檸檬汁來避免變黃，但因為要維持蝶豆花是藍色的，不能加檸檬汁，所以加一點鹽，也可以阻止蘋果變黃喔！

6 把顏色都調好了，蘋果對切，再切 2mm 的半圓形薄片，一切片就立刻丟進顏色水裡，避免變成黃臉婆。

找習慣拿幾張紙巾，把做好的玫瑰花直接放在上面瀝乾，因為泡過的蘋果有很多水分，如果不弄乾等等會影響塔的口感喔。

7 把這幾碗蘋果拿去微波，浸泡一下蘋果就會變軟了！這時準備很多的廚房紙巾，把蘋果片一片片的拿出來拍乾，然後一次半圓形的一字排開。從左到右捲起來，變成玫瑰花的樣子。

8 等到玫瑰花都做好之後，把冰好的卡士達整齊的擠在塔皮裡。

因為蘋果泡在彩色水裡面後，還有加熱，會破壞蘋果裡面的酵素。為避免蘋果變黃，我實驗過一直到隔天，蘋果花還是很美喔。

9 把玫瑰花一朵朵放上去就完成啦！可以用奶油刀把上面的花瓣分開一點，會更像真的玫瑰喔！你看是不是美呆了！

愛心甜甜圈

Heart Shaped Doughnuts

Doughnuts 還是現炸最好吃！
雖然烤的甜甜圈也很吸引人，
但我最愛最愛的還是肥死人的炸甜甜圈。
怎樣讓甜甜圈更誘人嗎？就是做成愛心的甜甜圈！
裡面塞滿了果醬，看起來讓人眼睛充滿小星星啊！

難度 ★ ★ ☆ ☆ ☆

製作重點

● 如何讓愛心甜甜圈炸好不變形
● 幫甜甜圈裝飾的技巧

材料

甜甜圈麵糰

速發酵母	1 包
溫水	60g
牛奶	350g
蛋	2 個
室溫奶油	80g
低筋麵粉	400g
高筋麵粉	300g
細砂糖	100g

彩色巧克力糖衣

白巧克力糖衣（或草莓巧克力、檸檬巧克力等喜歡的顏色）120g
鮮奶油 ┄┄┄ 60g
如果覺得顏色不夠可以用油性食用色膏來調色

黑巧克力糖衣

黑巧克力	100g
豐年果糖	2 大匙
奶油	30g

裝飾

糖珠、巧克力米、糖片、乾燥草莓，甚至甜菜根粉都會很漂亮喔！

作法

1 速發酵母與溫水拌勻，等到有點泡泡就是酵母ok。麵粉過篩後與所有的材料用打麵糰的扁型接頭，用中速打到不太黏手有彈性，再用手揉一下！

4 用愛心模壓出一個個愛心。

2 將麵糰放在碗裡用保鮮膜蓋好，放在溫暖的地方1小時讓它長大。

5 發酵好的甜甜圈麵糰非常軟，用手抓很快就軟。小撇步是先把烘焙紙一張張剪好，像包子的紙一樣墊在下面，再等個10～15分鐘等愛心發回原來的高度。

3 桌上灑點麵粉，把長大後的麵糰擀開到至少1.5～2公分厚。

6 你看發成胖胖的樣子了！炸甜甜圈時會突然長得很胖，這時愛心可能就會變成三角形，不會很像愛心了，所以要用剪刀把愛心凹下去的地方剪一刀，讓線條更明顯才能炸出漂亮的愛心喔！

7 把油加熱，可以先丟個小麵糰下去試試看，如果很快浮起來，油溫就是READY了！接著讓愛心小心地滑進油鍋裡。

8 等到一面變成金黃色就翻面，很快就可以炸好囉！要小心不要太焦了，炸好的拿到旁邊瀝乾油。

9 你看～一盤愛心甜甜圈完工！

10 因為這個甜甜圈沒有洞，所以會扁下去，裡面可填入很多果醬，或卡士達醬也很適合！用筷子在一側戳一個洞進去把中間部分弄出空隙來。

12 傳統的甜甜圈外面是糖粉做的糖霜，我真的覺得太甜了，所以這裡使用巧克力來做。很簡單，彩色巧克力部分就把巧克力糖衣融化，加上煮熱的鮮奶油拌勻。黑巧克力糖衣也是全部融化拌在一起就行了！依圖示先沾一面，如果覺得不夠漂亮，可以等到凝固再沾第二層。

11 將果醬裝袋，用小的擠花嘴擠進果醬。這裡使用的是紅莓果醬，要小心不要爆掉囉！

13 趁巧克力還沒乾的時候撒上糖珠等裝飾就可以囉！也可以依圖示倒著黏糖珠。

獨角獸甜甜圈

Unicorn Doughnuts

說到甜甜圈，大家都會以為是要炸的油油的，其實不是。
在美國的甜甜圈店都賣兩種，一種是炸的，一種是烤的 Cake Donut。
甜甜圈也可以變身成浪漫滿分的點心啊！
這個獨角獸甜甜圈美到不像在這世界的食物，應該是仙女吃的吧！

難度 ★ ★ ★ ☆ ☆

製作重點

● 烤甜甜圈的製作方法
● 利用翻糖及奶油霜裝飾甜甜圈的技巧

使用花嘴

● **左** 1公分直徑花嘴（或惠爾通 2A）
● **右** 獨角獸的毛-星形花嘴（惠爾通 17 或 18 號）

材料（6 個）

低筋麵粉	65g
高筋麵粉	65g
泡打粉	4g
小蘇打粉	1/4 小匙
鹽	少許
細砂糖	60g
肉桂粉	1/4 小匙
融化的奶油	45g（室溫）
優格	50g（室溫）
橘子皮	2 個
新鮮橘子汁	60g
蛋	1 個（室溫）

裝飾

黃色翻糖
糖珠
馬斯卡彭奶油霜（作法請見 P14）
調色色膏或天然色粉
白巧克力
黑色皇家糖霜（硬一點的，作法請見 P14）
食用金粉
伏特加

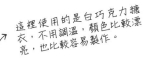

作法

1 將橘子皮刨成絲，橘子榨出汁來拿 60g 備用。

2 將優格、橘子汁、糖、鹽混合打勻，然後拌入雞蛋、奶油、麵粉、泡打粉、小蘇打、肉桂粉過篩後一起拌到濕的材料裡。稍微拌到勻就好，不要打到出筋（就是麵粉拌太多拌出彈性），甜甜圈會變很硬。最後拌入橘子皮。

3 甜甜圈烤模先塗奶油，撒上麵粉避免沾黏。將蛋糕糊擠進甜甜圈烤模，記得擠一半就好，不然烤完甜甜圈那個洞會不見。放進烤箱以 160℃ 烤 20 分鐘。

這裡使用的是白巧克力糖衣，不用調溫，顏色比較漂亮，也比較容易製作。

4 烤的甜甜圈好處就是每個都長一樣，圓圓的很可愛！白巧克力融化後，沾好一邊，記得要輕輕旋轉，白巧克力才會均勻。

5 把黃色翻糖搓成條狀，兩條在一起旋轉成角的樣子，放置一天等變硬。

6 白色翻糖剪成小三角形，中間部分刷上金粉（可以用一點伏特加溶解，金色會更明顯）。

7 用筷子在甜甜圈上插個洞，把翻糖角插進去。

8 馬斯卡彭奶油霜加入色膏或色粉調出粉紅色、藍色與紫色（或任何一種顏色的奶油霜），裝袋用星形擠花嘴擠出獨角獸飄逸的彩虹毛髮，上面可灑些漂亮的糖珠。

9 利用奶油霜的黏性把耳朵裝上去。

10 用黑色皇家糖霜擠出眼睛，也可以畫上長長的睫毛。

11 用金粉把角上色，也可上銀色，做成銀色的角。

12 右下我還做了正在哭泣的獨角獸，連眼淚都是銀藍色的呢！睫毛部分則刷上銀粉。

糖果
與果醬

Candy & Jam

可愛棉花糖三重奏

Marshmallow Trio

大家是不是覺得棉花糖很難做？
其實不會唷～它連烤箱都不需要超好做的，
只是個加了吉利丁的蛋白霜而已啊～
這裡一次教你 3 種超可愛、超容易的棉花糖，
包裝好後拿去送人超有面子的，
3 個願望一次滿足！

難度 ★ ☆ ☆ ☆ ☆

製作重點

● 棉花糖基本製作方法
● 棒棒糖與擠花棉花糖的技法

使用花嘴

● **左** 大星形花嘴（或惠爾通 21 號）
● **右** 直徑 0.5 公分花嘴（或惠爾通 10 號）

材料

配方

蛋白	60g
細砂糖	250g
葡萄糖漿	25g
水	75g
吉利丁	4 片
水	60g

防潮糖粉 100g + 熟玉米粉 70g

棒棒糖棍或紙吸管

1 吉利丁加水泡2分鐘，發好了以後，等等連水一起加熱，不用跟別的配方一樣把水倒掉。放微波爐10秒到完全溶解。

英文為 *hard ball stage*，就是糖可以捏成一個硬硬的小球的意思。

2 蛋白放到打蛋器開始中速攪打，要打到起泡喔！同時，糖與葡萄糖漿，還有另外的水一起煮，用溫度計測量，要煮到 125 度。如果沒有溫度計，可以把一點糖漿撈起來放在冷水裡，只要它硬硬的捏起來會扁一點點，就對啦！然後把融化後的吉利丁水加入煮好的糖漿。

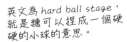

3 慢慢加入打發的蛋白。這基本上跟義大利蛋白霜是一樣的作法！看起來好像很複雜，可是做起來都差不多喔！

4 等到棉花糖打到差不多涼了，變得白拋拋的，可加入喜歡的口味如玫瑰水、香草等，拌入喜歡的顏色～這裡用的是粉紅色膏。

5 把一個四方形的模具抹上油，沙拉油放入棉花糖。

6 這樣抹平後，上面墊一張烘焙紙，讓它在室溫凝固6小時。

也可以用一些心型或花朵形狀的壓模，做出不同形狀的棉花糖。

7 撒上糖粉＋玉米粉，把棉花糖倒扣出來然後就可以切啦！刀子抹點油會更好切喔！

214

8 在烤盤上撒上玉米粉及糖粉，用大的星形擠花嘴裝袋，像圖示這樣擠出可愛的星星。很簡單吧！

9 也可以把兩種顏色混合，像這裡是粉紅色與藍色的混合，好夢幻喔～

10 用1公分直徑的圓形擠花嘴裝袋，把棉花糖擠出來，繞在紙吸管或棒棒糖棍上，動作要快才能好好黏在棍子上喔。

頂端很像霜淇淋吧～

11 碗裡放幾匙玉米粉＋糖粉，把切好的棉花糖丟進去拌，確定四面都沾上粉，不然等等會黏在一起喔，然後把多的糖粉篩掉。

12 把糖粉灑在星星上，然後篩掉多的糖粉就完成啦！可以包裝囉！棒棒糖也是一樣要沾糖粉。

吃不完的棉花糖放冷凍庫可以保持口感。

鮮花棒棒糖

Fresh Flowers Lollipop

食用花真是該辦料理人的好幫手。

美國人喜歡用 KARO 糖漿做棒棒糖，法國人是用葡萄糖漿，

為了知道哪種糖做起來最美麗，我連蜂蜜與豐年果糖都拿來實驗，

結論是葡萄糖漿與玉米糖漿做出來最透亮；

果糖也不錯，可是顏色會偏黃；蜂蜜做出來是黃褐色，

可以看你手邊有什麼最方便喔！

難度★☆☆☆☆

製作重點

● 鮮花的擺放技巧

● 做出最透明棒棒糖的方法

材料（12 支棒棒糖）

糖

Karo 玉米糖漿或葡萄糖漿 60g

細砂糖 ·························· 150g

水 ································· 60g

作法

1 把漂亮的食用花放在模子裡，花瓣碰到熱糖漿會縮水，可斟酌要放多大的花朵，整朵的花可朝下放，記得不要拿路邊的花喔！一定要用食用花，沒有放農藥的。

2 水、糖漿與糖一起放在厚度比較夠的鍋子裡（太單薄的鍋子很容易受熱不均會燒焦喔！）

5 確定棍子一根根插好了，記得要旋轉一下確定糖都有附著在棍子上喔。

3 開始煮糖囉！讓它慢慢滾到150℃。盡量不要攪拌喔！越攪氣泡越多～到時候棒棒糖就會很混濁，看不清楚美麗的花朵了。

6 等到變冷了就能拿出來啦！可幫它修個邊～變美美！

4 把糖漿倒入一個個小模。倒兩個就快速地放上棍子，不然等全部弄好，萬一糖變硬了棍子會插不進去喔。

糖碰到花瓣會起泡是正常現象！

7 用玻璃紙把糖果兩面貼住，如果不馬上這樣處理，糖會融化變得黏黏的喔！處理完再放入透明袋封口就可以啦！真的是人見人愛，跟仙女在吃的糖果一樣呢！

如果想要做更不容易融化的棒棒糖，可以用愛素糖isomalt做喔。事實上在法國很多甜點店都是用這種糖來製作裝飾，因為不容易融化，可是味道上我還是喜歡正常的糖啦。

柴犬棉花糖

Shiba Dog Marshmallow

外面的棉花糖都跟方塊一樣好無聊，來做個療癒的柴犬吧！
雖然市面上有很多做棉花糖的模具，
其實不需要模子也是可以做出可愛的棉花小動物，
練習後就會發現做什麼動物都可以啊～
而且自己做得比外面賣的可口太多太多了啊！

難度★★☆☆☆

製作重點
- 利用不同尺寸擠花嘴製作棉花糖小動物的方法

使用花嘴
- **左** 頭 - 1 公分直徑花嘴（或惠爾通 2A）
- **右** 耳朵 & 鼻子 -0.5 公分直徑花嘴（或惠爾通 8 號或 10 號花嘴）

材料

配方

細砂糖	250g
葡萄糖漿	25g
水	75g
蛋白	60g
吉利丁片	10g
水	60g

糖粉 100g + 熟玉米粉 100g

作法

1 **首先製作棉花糖霜**（作法請見P214步驟1～3）。等到打到蛋白有點涼，棉花糖霜應該變得滿硬的很好擠。放入兩個擠花袋，一個用大一點的圓形擠花嘴，直徑大概1公分，另一個裝小一點的擠花嘴大約0.4公分。把混好的玉米粉、糖粉均勻地灑在烤盤上，這很重要！不然棉花糖會黏住喔！

我們的頭跟鼻子、耳朵要分開擠，頭的部分需要用大一點的擠花嘴，擠出比50元硬幣大一點的圓形，再往下拉一點做出柴犬的下巴，有點圓錐形。

2 用小的擠花嘴擠出耳朵跟嘴巴。耳朵尖尖的比較好，嘴巴、鼻子部分要像個小圓球。

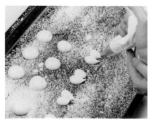

3 大家都無法抵抗的柴犬屁股呢？用大的擠花嘴擠出兩個水滴型，有點像分開的愛心。

4 用小的擠花嘴擠出尾巴。

5 最後擠出兩個圓腳掌。

這邊你看我在把鼻子壓平。

6 如果形狀有點不合意，用手輕輕沾點糖粉壓平就可以啦！

7 放 12 小時等它完全凝固好，就可以拿下來了。毛的部分，拿點即溶咖啡粉，混入一兩滴水，攪一攪就變成天然的咖啡色染料啦！隨性地畫出柴犬的毛毛，耳朵裡面也要畫喔！

8 鼻子我是用黑色的翻糖做的，拿翻糖與黑色色膏混一混捏好即可。也可以用巧克力。嘴的部分是用黑色食用色筆畫出來的。

9 好可愛的柴犬屁屁啊！雖然看起來像柴犬倒栽蔥。小腳掌也是可以用黑巧克力畫出來喔！

因為自己做的是新鮮的沒加一堆怪異的化學品，做好要冰起來喔！如果想維持口感久一點，要冷凍唷。

10 如果想放在熱飲料上呢？建議跟蝸牛一樣擠出一個圓形底盤，用一點巧克力把頭或屁屁黏上去。這樣才可以好好觀賞溺水的柴犬啊 XD

冰糖水晶

Rock Candy Crystals

你有沒有養過冰糖？是喔！冰糖跟小貓、小狗一樣會長大，
而且台灣的天氣很適合長冰糖喔！因為太熱了。
這個冰糖小化學實驗真的太有趣，用一般砂糖就可以做，
而且做出來的冰糖跟水晶一樣漂亮！

難度★★☆☆☆

製作重點
● 在家做可愛冰糖的方法

材料

糖漿

細砂糖 600g
水 200g
食用色膏

翻糖、黑色色膏

作法

1 翻糖加一點點黑色色膏，染成淡灰色。這是要做外圍的，讓它看起來更像從石頭裡蹦出來的水晶喔！

2 灰色翻糖擀開，蓋上一片白色翻糖並擀平。好啦！紫水晶的底做好了。

作法

3 拿個小碗（如果要做很多個，杯子蛋糕烤盤也可以），請鋪上錫箔紙，把翻糖弄成圖示這樣的凹槽。

4 把糖跟水，還有食用色膏一起煮沸，要煮到糖都化掉唷！

我明明是煮紫色的糖漿，為什麼拍出來變藍色？哈哈

5 煮好的熱糖漿可直接倒進小碗喔！倒一半滿，然後把錫箔紙蓋起來，放在不太冷的地方，通常三天到一星期會長好。糖煮過後會重組，越熱的地方就能長出結晶越大的冰糖喔！

6 等到長好一層冰糖後，把糖漿倒出來，要倒完全喔！然後乾燥 24 小時，就可以看到閃亮亮的水晶啦！

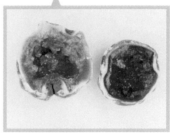

你看不同顏色的也很美，一閃一閃亮晶晶，比真的水晶還漂亮！

7 水晶可以切成想要的形狀，像這樣鑲在蛋糕上也很美，只要切出符合水晶的凹槽，用奶油霜把水晶黏進去就可以囉。

要注意的是，一定要用奶油霜，如果用鮮奶油之類的翻糖會融化喔！我在旁邊上了一圈灰色的奶油霜，讓它更像天然的水晶，用金箔也很可愛喔～～

Kisses 水滴馬林糖

Meringue Kisses

我個人比較喜歡用瑞士蛋白霜做馬林糖，
因為法式很快就像隔夜的氣球消泡扁掉了，很難控制，
而義式蛋白霜又要用溫度計，糖煮一點點超過都不行！
瑞士蛋白霜就完全沒有這些問題，
算是蛋白霜界的好好先生，我最愛他了！

難度★☆☆☆☆

製作重點
- 如何做出堅挺的馬林糖
- 如何幫馬林糖上色

使用花嘴
- 1 公分直徑花嘴（或惠爾通 2A）

材料

蛋白 100g
細砂糖 200g
（很好記吧！反正糖就是蛋白的兩倍啊！）

喜歡的色膏或天然色素、彩色砂糖
（就拿色膏跟糖搓一搓就完成啦）
可以加入肉桂粉、檸檬皮、香草籽等調味

1 糖跟蛋白混合隔水加熱。可以看到我的鍋子超小的，我喜歡這樣，感覺溫度較好控制。一邊加熱一邊打，等到糖都融化了溫熱的就行囉，可拿手指搓搓看。

2 開始打啦！用中速打到涼就是堅硬的蛋白霜了～你看就很好擠的樣子。

3 這邊用梔子花粉染成很漂亮的淡藍色。

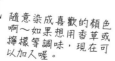

隨意染成喜歡的顏色啊～如果想用香草或檸檬等調味，現在可以加入喔。

4 可以用細刷子在擠花袋內先刷上喜歡的食用色膏。

5 使用圓形的擠花嘴，用力擠出胖胖的圓形再鬆手往上拉，就可做出kissess的形狀啦！你看是不是很可愛呢～又超簡單～

我在最後還幫幾個馬林糖加了金箔點綴，看起來會更高級。做好後可沾巧克力，也會很美呢！裝盒起來可以保存很久喔！

6 如果把兩種不同顏色的蛋白霜一起擠，就有這樣迷幻的雙色效果。可以灑上漂亮的彩糖，或是可可粉，放入100℃的烤箱烤1個半小時，烤箱關掉後放在裡面自然風乾2小時。

森林家族馬林糖

Woodland Animals Meringue Cookie

這一系列的馬林糖算是我自己的森林家族喔！
小白兔、松鼠、浣熊、狐狸與刺蝟都好可愛，配在一起真是歡樂啊！
這些技巧學會了後要做什麼動物都可以喔，
一起來創造你的森林家庭吧！

難度★★★☆☆

製作重點
- 做出生動的動物小臉的方法
- 用不同的擠花嘴做出小動物的方法
- 小動物毛色的調色方法

使用花嘴
- **左** 1 公分直徑花嘴（或惠爾通 2A）
- **中** 0.5 公分直徑花嘴（或惠爾通 10 號花嘴）
- **右** 臉與眼睛 - 惠爾通 2 號

材料

蛋白霜

蛋白	100g
細砂糖	200g
糖粉	20g（先過篩）

棕色、銅色色膏

皇家糖霜（作法請見 P14）
黑色色膏
黑色食用色素筆

作法

1 糖與蛋白混在一起隔水加熱，與前一篇的 kisses 馬林糖一樣，邊加熱邊打，等到糖都融化了溫熱的就行囉，可拿手指搓搓看。

2 用中速打到涼就是堅硬的蛋白霜了～因為這次的馬林糖比較複雜，很花時間，為了讓它更堅硬好擠，打到一半時加入過篩的糖粉一起打到涼喔！

3 加入棕色與銅色的色膏，拌一拌就是狐狸的顏色了！分裝在兩個擠花袋裡，分別用兩個花嘴，一個是 1 公分的圓形花嘴，一個是小的做耳朵、尾巴的花嘴。

4 為了方便，可以用蛋白霜在烤盤四周擠一個點，讓烘焙紙乖乖黏在烤盤上。

5 擠花嘴離烤盤大概 1 公分，擠出圖示這樣的半圓形，這是頭喔！

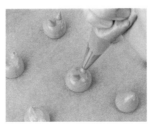

6 上面用小的花嘴擠出尖尖的耳朵！

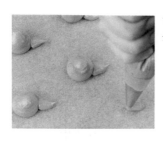

7 尾巴部分擠出細長條狀。

8 然後用大的花嘴擠出身體。其實也沒有那麼難喔。放進烤箱85℃烘乾90分鐘，然後留在熱烤箱裡一整夜讓它堅硬。

9 用白色皇家糖霜擠出狐狸奸詐的小臉（也可用白巧克力代替）。

10 用黑色皇家糖霜做出鼻子，用黑色食用色筆畫出眼睛，耳朵與尾巴的部分也用白糖霜做出了細節喔！

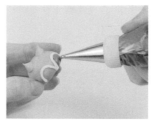

11 浣熊也是一樣的步驟，只是臉的部分是用白色先描邊，等它乾了再用灰色糖霜填眼睛的部分。

12 看得出來這是什麼嗎？這是刺蝟喔！刺蝟的身體是用白色的蛋白霜先擠出這樣的尖尖雨滴型，讓它烘乾1小時，同樣用85℃的溫度。

13 再拿出來擠上棕色的毛，再烘乾至少1個半小時喔！這樣是比較容易做的方式，是不是很可愛呢～基本上想要什麼動物都可以做出來呢！

藍色蘋果醬

Blue Apple Jelly

前陣子在網路上瘋傳的日本藍色蘋果醬，
是用青森蘋果與蝶豆花做的，
美麗的天然藍色，讓這蘋果果醬跟寶石一樣透亮，
做好的藍果醬與奶油起司塗麵包是絕配，放在優格裡也很香，
應該還可以拿來做調酒！

難度★☆☆☆☆

製作重點

● 如何煮出透明無色蘋果醬
● 如何用蝶豆花幫蘋果醬染色

材料

青蘋果 1 公斤

水 ⋯⋯⋯⋯⋯⋯⋯ 600g

細砂糖 ⋯⋯⋯⋯⋯⋯ 250g

蝶豆花 ⋯⋯⋯⋯⋯⋯ 20 朵

吉利丁份量

因為每個人煮出來的水量會有一點不同，每
100g 份量的液體需要加 1/3 片吉利丁。如果
想減少糖的份量，吉利丁要增加喔。

作法

1 水與鹽放進鍋子裡，把蘋果切塊然後很快放進鹽
水中，就可以避免蘋果變黃喔。一般來説，防止
蘋果變黃加的都是檸檬汁，可是蝶豆花一碰到檸
檬酸就會變成紫色了，雖然也很美，可是為了做
藍色的果醬還是改用鹽喔。

這個果醬在日本用的是青森蘋果，其實任何一種
青蘋果都可以。我這裡用的是玉林蘋果，如果用
紅蘋果做起來會黃黃的，就沒辦法染成那麼漂亮
的藍色了！

2 像這樣先煮滾再用中火煮 20 分鐘，要把蘋果都煮軟喔。

會起一點泡泡沒關係，等它消泡就好了。

5 雖然沒有加檸檬汁，但因為蘋果本身還是有酸性，煮出來偏紫，這時候怎麼辦呢？只要加一點點小蘇打粉，就會起化學反應讓它變回原來的藍色喔！很神奇吧！

青蘋果就會有這樣透明無色的果汁，如果用的是紅蘋果，做出來的果汁就會像市售的一樣黃黃的。

3 利用過濾豆漿的袋子，讓蘋果汁慢慢的濾出來，盡量避免用力去擠壓它喔，越擠蘋果汁就越混濁，因為把渣渣都擠進去了。你看，讓果汁自然流出來就會這麼清澈！應該可以濾出 500g 的蘋果汁。

我實驗過玉米粉、寒天、木薯粉，覺得吉利丁還是最接近原始美麗透亮果膠的感覺～

6 你看！變回藍色的啦！加入已經用水發好的吉利丁片，一般來說做蘋果膠是不需要另外加吉利丁的，它會自然凝固，可是因為我們加了小蘇打粉，把裡面的酸破壞了，果膠沒辦法成型，所以要加點吉利丁才能幫助凝固喔！

4 果汁放回爐上去煮，加入砂糖，這時就可加入蝶豆花了，用小火煮到變成很美的紫藍色。

7 像這樣裝瓶就可以啦！因為是加了吉利丁的果醬，記得要冰，兩三個星期內要吃完喔！做好的藍果醬簡直就像魔戒裡妖精在吃的食物！美到令人窒息！到底是哪個科學家說人類最不喜歡吃的東西就是藍色的，藍色的食物明明看起來就很可口（眼冒愛心），拿來送禮也超適合的！

超夢幻可愛！最受歡迎的萌造型甜點

從還是嫩妹的時候就喜歡甜點，雖然念了多倫多大學財經系做了會計，下班後卻開始賣起結婚蛋糕來，誤打誤撞的去了巴黎進修，從此開始了做甜點的不歸路。因為在巴黎的 Pierre Hermé 吃到了令人魂牽夢繁的馬卡龍，回台灣後就決定挑戰這難搞的小點心，開啟了馬卡龍專門店，從網路開始在各大百貨公司駐點，被媒體封為馬卡龍公主（好不要臉 XD），是一個忙到翻掉可是很溫暖的旅程。

以前經營貝喜樂馬卡龍時，總是在節慶時做出很多可愛的造型馬卡龍，像聖誕老公公、熊熊、黃色小鴨等；情人節時總會推出各種漂亮的心型馬卡龍～這也算是我的主打了，每年情人節都賣到翻掉，人稱把妹必勝馬卡龍！哈哈哈～～每個造型馬卡龍都是我親手製作，因為我太喜歡做這些可愛漂亮的小點心啦！

人算不如天算，認識了現在的老公，被拖去加州陪他讀書，暫時放棄馬卡龍公主這個身份。在加州時因為太無聊了，想說把喜歡的料理、甜點放在部落格上，說是食譜不如說我把它當笑話大全在寫。結果無敵幸運地有編輯看上，有這個榮幸可以寫一本書。這本書裡收錄了我做馬卡龍以來的心得及最受歡迎的造型及配方，還有各種小技巧，真的全盤托出了！嚴刑逼供完全無保留 XD，希望大家都能征服這麻煩的小東西。

只有馬卡龍總是有點單調，所以也設計了超多款爆萌的甜點，有走華麗風的，也有各種可愛的小動物，從杯子蛋糕、cake pop，到棉花糖、馬林糖、塔類、泡芙、各種蛋糕，甚至手撕麵包都有包含，真的是讓你知識大爆炸的一本食譜書。對於各種蛋糕製作的器材及比較特殊的材料也都有詳細的講解，讓你不至於手忙腳亂（雖然做甜點就是要手忙腳亂的呀～～～～ XDDD）！

這本書的重點就是，不萌進不了這本書，一定要美翻又要美味，畢竟甜點嘛，就是個充滿童心的東西啊！希望大家在製作時一起被療癒到唷～～

馬卡龍公主

怦然心動！

超萌人氣造型甜點

馬卡龍、翻糖、蛋糕、麵包、餅乾、棉花糖、
甜甜圈、泡芙…巴黎藍帶職人親授，製作步驟
全圖解，不失敗做出名店級夢幻繽紛烘焙！

國家圖書館出版品預行編目資料

怦然心動！超萌人氣造型甜點：馬卡龍、翻
糖、蛋糕、麵包、餅乾、棉花糖、甜甜圈、
泡芙…巴黎藍帶職人親授，製作步驟全圖解，
不失敗做出名店級夢幻繽紛烘焙！/ 馬卡龍公
主著. -- 初版. -- 臺北市：創意市集出版：城
邦文化發行, 民 107.3
面；　公分

ISBN 978-986-95631-9-2（平裝）
1. 點心食譜

427.16　　　　　　　　　　　106024312

2AB853

作　　　者　馬卡龍公主
責 任 編 輯　李素卿
主　　　編　溫淑閔
版 面 構 成　廖麗萍
封 面 設 計　逗點創制

行 銷 專 員　辛政遠、楊惠潔
總 編 輯　姚蜀芸
副 社 長　黃錫鉉

總 經 理　吳濱伶
發 行 人　何飛鵬
出　　　版　創意市集

發　　　行　城邦文化事業股份有限公司
　　　　　　歡迎光臨城邦讀書花園
　　　　　　網址：www.cite.com.tw

香港發行所　城邦（香港）出版集團有限公司
　　　　　　香港灣仔駱克道 193 號東超商業中心 1 樓
　　　　　　電話：(852) 25086231
　　　　　　傳真：(852) 25789337
　　　　　　E-mail：hkcite@biznetvigator.com

馬新發行所　城邦（馬新）出版集團
　　　　　　Cite (M) Sdn Bhd
　　　　　　41, Jalan Radin Anum, Bandar Baru Sri Petaling,
　　　　　　57000 Kuala Lumpur, Malaysia.
　　　　　　電話：(603) 90578822
　　　　　　傳真：(603) 90576622
　　　　　　E-mail：cite@cite.com.my

客戶服務中心
地址：10483 台北市中山區民生東路二段 141 號 B1
服務電話：（02）2500-7718、（02）2500-7719
服務時間：周一至周五 9：30 ～ 18：00
24 小時傳真專線：（02）2500-1990 ～ 3
E-mail：service@readingclub.com.tw

※ 詢問書籍問題前，請註明您所購買的書名及書號，
以及在哪一頁有問題，以便我們能加快處理速度為您服
務。
※ 我們的回答範圍，恕僅限書籍本身問題及內容撰寫不
清楚的地方，關於軟體、硬體本身的問題及衍生的操作
狀況，請向原廠商洽詢處理。

※ 廠商合作、作者投稿、讀者意見回饋，請至：
FB 粉絲團・http://www.facebook.com/InnoFair
Email 信箱・ifbook@hmg.com.tw

印　　　刷　凱林彩印股份有限公司
　　　　　　2024 年（民 113）4 月（初版 6 刷）
　　　　　　Printed in Taiwan
定　　　價　400 元

烘焙甜蜜
法式風味

LE CREUSET不沾烘焙模具系列
—— 全 新 上 市 ——

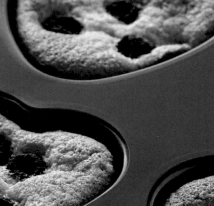

台北忠孝門市 02-8772-8150
台北中山門市 02-2567-9982

 Find us on Facebook

Le Creuset Taiwan
www.lecreuset.com.tw

 #lecreuset_tw